プラスチックリサイクルの技術と市場

Plastic Recycling: Technologies and Market Trends

シーエムシー出版

刊行にあたって

経済協力開発機構（OECD）が2022年2月22日に発表した「世界のプラスチックに関する課題と政策提言報告書」によると，世界のプラスチック年間生産量は2000年の2億3,400万トンから2019年には4億6,000万トンへと倍増し，プラスチック廃棄物も2000年の1億5,600万トンから2019年には3億5,300万トンへと倍増している。リサイクル時のロスを考慮すると，最終的にリサイクルされたプラスチック廃棄物はわずか9%であり，19%は焼却，約50%が埋め立て処分されたと推測される。残りの22%は，管理されていないゴミ捨て場への投棄や野外での焼却，さらには環境中への流出が発生している。

各国ではプラスチック規制が進んでおり，EUは2030年までに全プラスチック包装材のリユース・リサイクルを目指している。また，米国，中国，韓国，東南アジア，アフリカ，中東，南米でも使用禁止や削減策が導入されている。一方で，中国が2021年に廃プラスチック輸入を禁止したことで，日本を含む先進国は処理先を東南アジアなどに求めたが，多くの国が輸入規制を強化しており，自国内処理の必要性が高まっている。

さらに，バーゼル条約の改正により，2021年から「リサイクルに適さない汚れたプラスチックごみ」が規制対象となり，輸出には輸入国の同意が必要となった。これにより，各国は自国内での適切なプラスチックごみ処理の仕組みを整備する必要がある。

また，自動車産業においては，EUのELV（End-of-Life Vehicles）指令がプラスチックリサイクルに大きな影響を与えている。この指令は，使用済み自動車の環境負荷を低減することを目的としており，自動車メーカーに再利用やリサイクルの促進を義務付けている。

本書籍の技術編では，さらなる技術開発が求められるプラスチックリサイクル技術について，第一線で活躍する専門家に執筆を依頼した。市場編では，マテリアルリサイクルやケミカルリサイクルを中心に，市場動向や規制動向，各企業の取り組みについてまとめている。

本書籍がプラスチックのリサイクル技術に携わる方々の一助となれば幸いである。

2025年4月

シーエムシー出版　編集部

執筆者一覧（執筆順）

室 井 髙 城　アイシーラボ　代表

清 水 敏 之　東洋紡㈱　フイルム企画管理総括部　フイルムマーケティング戦略部　マネージャー

近 藤　　要　出光ユニテック㈱　商品開発センター　所長付

南　　安 規　(国研)産業技術総合研究所　サーキュラーテクノロジー実装研究センター　プラスチックケミカルリサイクルチーム　上級主任研究員

福 田 瑞 香　㈱日本製鋼所　イノベーションマネジメント本部　先端技術研究所　成形加工グループ　研究員

池 永 和 敏　崇城大学名誉教授

神 岡　　純　三菱電機㈱　情報技術総合研究所　マイクロ波技術部　増幅器グループ　主席研究員

川 瀬 智 也　東京大学　大学院理学系研究科

石 谷 暖 郎　東京大学　大学院理学系研究科　特任教授

小 林　　脩　東京大学　大学院理学系研究科　教授

野 間　　毅　帝京大学　先端総合研究機構　客員教授

神 田 康 晴　室蘭工業大学　大学院工学研究科　しくみ解明系領域　化学生物工学ユニット　准教授

シーエムシー出版　編集部

目　　次

【技術編】

第1章　廃プラスチックのリサイクル技術動向とビジネス展望

室井髙城

第2章　モノマテリアル包材に関する進展とBOPPバリアフィルムを用いたモノマテリアル包材

清水敏之

第3章　モノマテリアル加飾シートの開発と自動車への展開

近藤　要

第4章　スーパーエンプラおよびエポキシ樹脂のケミカルリサイクルに向けた分解，解重合法の開発

南　安規

第5章　二軸押出機による PS・PMMA のケミカルリサイクル

福田瑞香

第6章　溶媒抽出を用いた海洋プラスチックの高純度化

池永和敏

第7章　マイクロ波加熱によるプラスチックの分解技術

神岡　純

第8章　ビーズミル法を利用したPET解重合反応の開発

川瀬智也，石谷暖郎，小林　修

第9章　廃棄プラスチックの油化技術

野間　毅

第10章　Naにより酸性質を精密制御したゼオライト触媒によるLDPE分解

神田康晴

【市場編】

第1章　プラスチックによる環境汚染問題と各国の取り組み

シーエムシー出版　編集部

第2章　欧州におけるプラスチック資源循環をめぐる動向

シーエムシー出版　編集部

第3章　日本国内におけるプラスチック資源循環の動向

シーエムシー出版　編集部

第4章　プラスチックリサイクル技術と企業の取り組み

シーエムシー出版　編集部

技術編

第1章　廃プラスチックのリサイクル技術動向とビジネス展望

室井髙城*

1　はじめに

日本が推進してきた廃プラスチックのサーマルリサイクルは，プラスチックのリサイクルではなく，熱回収で本来のプラスチックのリサイクルではない。プラスチックはプラスチックにリサイクルされなければならない。欧米ではマテリアルリサイクルやケミカルリサイクル技術が開発され実装され始めた。日本はこれから実装されようとしている。

2　廃プラスチックリサイクル規制

欧州委員会は廃プラスチックの再生利用に関して2022年11月包装廃棄物指令の改定を発表し，リサイクル品の再生プラスチックの利用割合を規定した。2030年からPETボトルについては30%，PETボトル以外の容器では35%は再生材を使用しなければならない（表1）。日本も，これと同じような規制の導入が検討されている。

表1　欧州容器包装における再生プラスチック利用規制[1)]

対象	再生材の含有割合 %	
	2030年	2040年
PETボトル及び使い捨て飲料ボトル	30	65
飲料ボトル以外のプラスチック包材（食品，医薬品）	30	50
使い捨て飲料ボトルと接触注意包装材	10	50
上記以外の容器包装	35	65

更に欧州委員会は自動車部品に使用されるプラスチックへの再生プラスチックの使用を義務づける法案を提出している。法案は新車に使用されるプラスチックの25%はリサイクル材を使用し，そのうち25%は廃車部品からリサイクルされなければならないとしている。2035年にかけて段階的に導入するとしているが，導入されると日本の欧州輸出車には3.6万トンの再生プラスチックが必要となる。また，日本もこの規制の導入を検討している。

*　Takashiro MUROI　アイシーラボ　代表

3 プラスチックのリサイクルループ

廃プラスチックのリサイクルには環境への負荷が少なく，安価で，プラスチック to プラスチックへのリサイクル率の高い方法と技術が求められる。マテリアルリサイクルが最もリサイクルループが小さく，次いで解重合や液化等のケミカルリサイクル，最もリサイクルループの大きいのはガス化である（図1）。

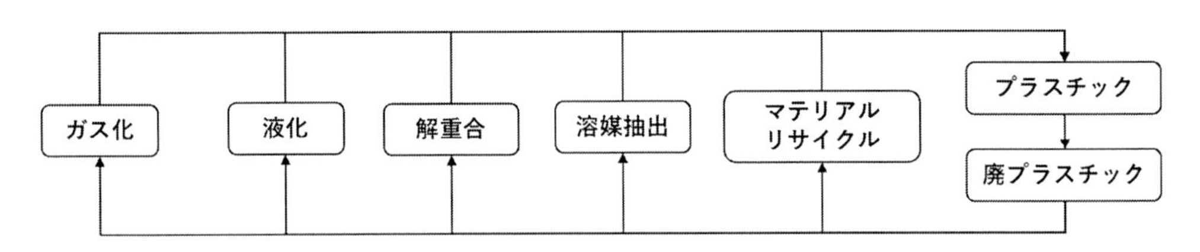

図1 プラスチックのリサイクルループ

4 廃プラスチックリサイクル収率

廃プラスチックからプラスチックにリサイクルするにはリサイクル率が問題になる。リサイクル率で言うと，メカニカルリサイクルや溶媒抽出は95～100%である。熱分解で分解油をナフサクラッカーで処理してのポリマーへリサイクルするリサイクル率は49%，ガス化してメタノールを合成しMTO（メタノール to オレフィン）によりポリマーとする方法では34%である（表2）。

表2 廃プラスチックのリサイクル収率[2)]

技術	廃プラスチック原料	廃プラスチックから プラスチック収率（%）	備考
焼却/エネルギー回収	全廃プラスチック	0	熱回収
メカニカルリサイクル	PP，PET，HDPE	95～100	
溶媒抽出	PP，PS	100	
解重合	PET	97	
熱分解	PE/PP 混合	49	マスバランス方式 （除く燃料）
ガス化	混合プラスチック	34	合成ガス MTO 経由

5　マテリアルリサイクル

5. 1　混合使用

最もリサイクルに必要なエネルギーが少なく CO_2 排出の少ないマテリアルリサイクルが望まれるが，廃プラスチックは多種多様なプラスチックの混合物や食品残渣などが混ざっているため，ダウンサイクルとして元のプラスチックではないパレットやハンガーなどの利用が一部行われている。一部の廃PSは日本でインゴットにされ東南アジアでペレット化され中国で額縁などに加工されている。Dowは再生PEを最大70％まで混合したPEコンパウンドを開発し，欧州，米国，インド，中国でも商品化している。自動車部品から回収されたPPなどはバージンのPPに混合使用され始めた。

5. 2　PETボトル

マテリアルリサイクルの中でPETボトルの回収が最も進んでいる。日本のボトルtoボトル（BtB）の回収率は2022年29％となり，更に増加し続けている。PETボトルは収集され，破砕，洗浄された後，固相重合によりボトルに再加工されている。PETボトルの固相重合によるリサイクルフローを示す（図2）。

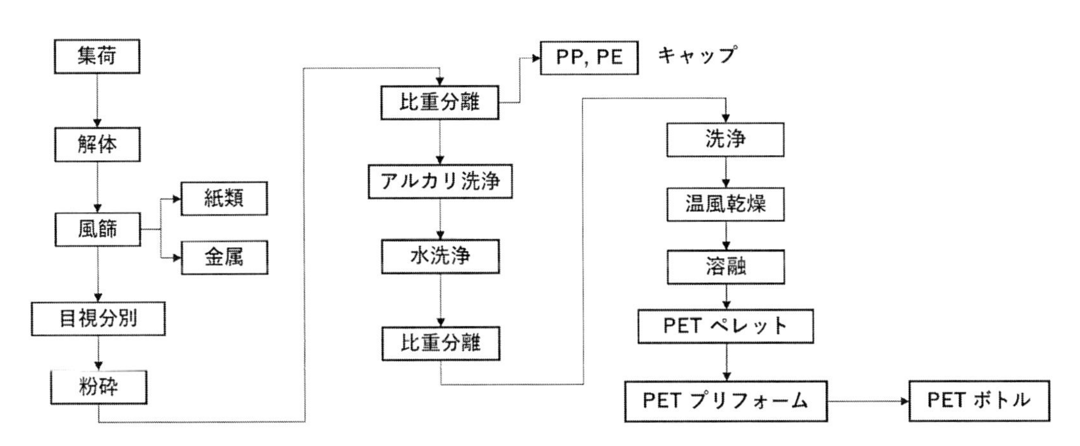

図2　PETボトルの固相重合によるリサイクル

5. 3　ポリエチレン

欧米ではポリエチレンボトルは牛乳ボトルなどに利用されている。日本でも消毒液や白色のボトルとして利用されている。粉砕，洗浄，溶融，ろ過，により再利用できるが，微量有臭成分の除去は困難であったが，溶融後，リフレッシャーと呼ばれる有臭成分を除去するプロセスがオーストリアのEREMA社が開発している[3]。プラスチックの融点近い温度で数10分間処理されている。これを用いた再生PEボトルは米国FDAにより食品ボトルとしてのリサイクルが認可されている。

6　ケミカルリサイクル

6.1　従来の日本のケミカルリサイクル

プラスチックは粉砕され石炭に1%前後混合されてコークス炉や高炉に投入されている。炉内で一部は合成ガスや芳香族に転換はされているが，石炭代替でプラスチックにリサイクルされてはいない。レゾナックは廃フラスチックをガス化して水素とし，水素からアンモニアを合成している[4]。

6.2　溶媒によるリサイクル

(1) ポリプロピレン（PP）

P&G社は廃PPを洗浄・乾燥・破砕した後，溶剤を用いて抽出し，リサイクル技術を開発し，米国のPureCycle社にライセンス供与した。超臨界条件下で廃PPをブタンなどの溶剤に溶解・抽出して超高純度PPを製造する技術である[5]。PureCycleは，2023年6月に米国ジョージア州オーガスタに5万トン/年の商業プラントを建設し，生産を開始した。アントワープ，ベルギー，韓国，日本でもプラントの建設が計画されている。韓国では，SK Innovationの子会社であるSK Geocentricとの合弁会社が，蔚山市に6万トン/年のプラント，日本では，三井物産と，2026年に約5～6万トン/年の超高純度再生ポリプロピレン工場の建設が予定されている[6]。

(2) ポリスチレン（PS）

カナダのモントリオールにあるPolystyvert社は，溶媒抽出プロセスによるPS回収プロセスを開発している 廃PSは，PS/*p*-シメン混合物を得るための条件下で*p*-シメンに溶解される。プロセスでは，難燃剤として一部のPSに含まれるインク，顔料，添加剤，HBCD（ヘキサブロモシクロドデカン）も除去できる[7]。Polystyvert社は2026年にモントリオールで商業プラントを開始することを決定している。

(3) ポリエチレン（PE）

ドイツのAPK AGは，Newcycling®プロセスと呼ばれる溶媒によるPE回収プロセスを開発した。プロセスは，PE/PA，PE/PET多層フィルムからn-ヘキサンを用いて連続的にPEを溶解することができる[8]。LyondellBasellは2024年8月にAPKを購入し，ポートフォリオに取り込んでいる。

6.3　解重合

(1) PETの解重合によるリサイクル

シャンプーなどの容器には着色ボトルが使われている。海外では着色飲用PETボトルが多く使われている。又繊維には着色されたポリエステルが使われている。これら着色成分は固相重合によるリサイクルでは除去することはできない。PETはメタノールやEGなどで解重合することにより，バージン同様のPETに回収することができる。日本のペットリバース社はEGを用いたAIES法という解重合技術を開発している。AIES法は現在，ペットリファインテクノロジー社（JEPLANの子会社）が引き継いで2021年に川崎で能力2.7万トン/年のHELIXというブランド名のPET再生プラントを稼働させている。又，フランスのAxens，IFPENとプロセス開発，実証，商業化事業提携契約を締結し，Rewind™ PETプロセスをAxensがライセンスを始めている。AIES法による廃PETの解重合再生工程を示す（図3）。

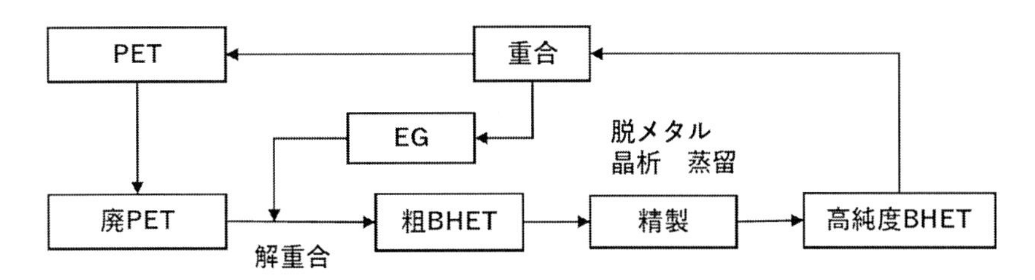

図3　AIES法による廃PETの解重合再生工程

EG：エチレングリコール，BHET：ビスヒドロキシエチルテレフタレート

イーストマンはメタノールで解重合してDMTを経由した16万トン/年のPET再生工場をフランスのノルマンジーに建設中で2025年に稼働させる予定である。

世界的にはNaOHで加水分解しテレフタル酸ジ-Naを経由した方法が広く行われている。

又，帝人フロンテアはDMT（ジメチルテレフタル酸）を経由したPET繊維のリサイクル技術を保有しているが，更にエネルギー消費の少ないBHET（ビス-2-ヒドロキシエチルテレフタレート）法を開発し実証プラントを松山に建設している[9]。

(2) 熱による解重合

PSやMMA，ポリアミド（ナイロン）などは，加熱することにより元のポリマーに解重合することができる。デンカ社は米国Agilyx社の技術で3,000トン/年のプラントを2024年4月に稼働させた[10]。

熱による解重合は，廃プラスチックを均一に加熱しなければならない。そのために解重合釜を大型にすることは困難である。均一加熱にマイクロ波加熱なども検討されている。

6. 4　廃プラスチックの液化

(1) 廃プラスチックの熱分解

混合廃プラスチックは無酸素の条件で加熱により液化することができる。液化された熱分解油の性状はナフサ成分に近いため，既存のナフサクラッカーの原料として石油ナフサにドロップインして用いることができる。既存のプラントがそのまま利用されるので設備投資が必要なく，既存のプラントでポリマーが製造されるので製造されたプラスチックはバージンのプラスチックとおなじである。多くの石油化学会社は，熱分解による液化方法を採用し始めている。分解によるナフサ成分の生成スキーム例を示す（図4）。

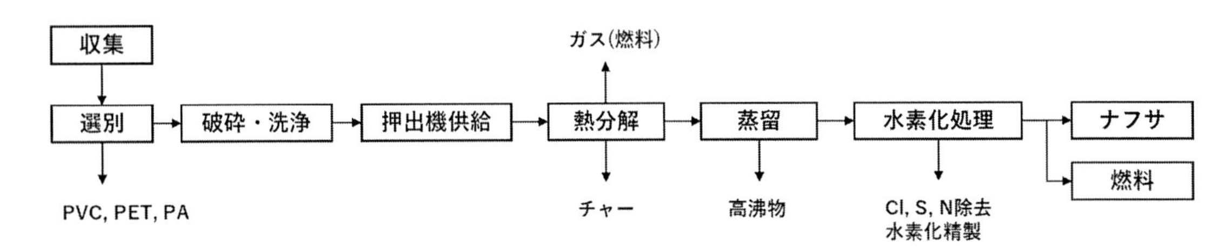

図4　熱分解によるナフサ成分の生成スキーム例

熱分解化油の製造では均熱加熱が必要である。そのため熱分解炉を大型化することは困難である。また，廃プラスチックに塩素や硫黄化合物が混入するために塩ビなどは，事前に選別されなければならない。

(2) 熱分解技術

廃プラスチックの熱分解では熱分解の際，ガス成分や重質分が生成するため，熱分解炉は温度と滞留時間がコントロールされている。大型の熱分解炉は均熱にすることは困難である。Plastic Energy社は小型の熱分解炉を多数用いている。Pryme社（オランダ）は押出熱分解炉を開発し，4万トン/年の液化油の製造を行っている。ExxonMobilは生成分解油を溶媒として廃プラスチックを溶解後，プラント内で熱分解する技術，LyondellBasellは触媒を用いた接触分解技術を開発している。Mura社は，超臨界で熱分解し，熱分解油の収率の高いHydroPRS™を英国で稼働させた。主な廃プラスチック液化技術を示す（表3）。

表3　主な廃プラスチック液化技術

開発会社	プロセス名	分解方法	液化油利用会社
Quantafuel（ノルウェー）		熱分解	BASF
Plastic Energy（UK）		熱分解	SABIC，他
New Hope Energy（米国）		熱分解（内部加熱）	
Pryme（オランダ）		押出熱分解	BASF，Shell
Mura（UK）	HydroPRS™	超臨界水	Dow，三菱ケミカル
ExxonMobil（米国）	Exxtend	熱分解油溶媒	自社
OMV（オーストリア）	ReOil	熱分解油溶媒	
Encina（米国）		流動床，接触分解	BASF，Covestro
環境エネルギー（日本）	HiCOP	流動床，接触分解	出光興産

(3) マスバランス方式

既存のナフサクラッカーに投入された廃プラスチック熱分解油は投入した量により生産されるプラスチックが廃プラスチック由来のものと計算されるシステムが導入されている。

燃料油へのリサイクルはカウントされない。

(4) 世界の熱分解油導入動向

多くの石油化学会社は自社又は廃プラスチックの熱分解油製造会社と連携してナフサ原料の熱分解油の製造を始めている。今後，急速に拡大する。世界の廃プラスチック熱分解油製造能力の推移と予測を示す（図５）[11]。

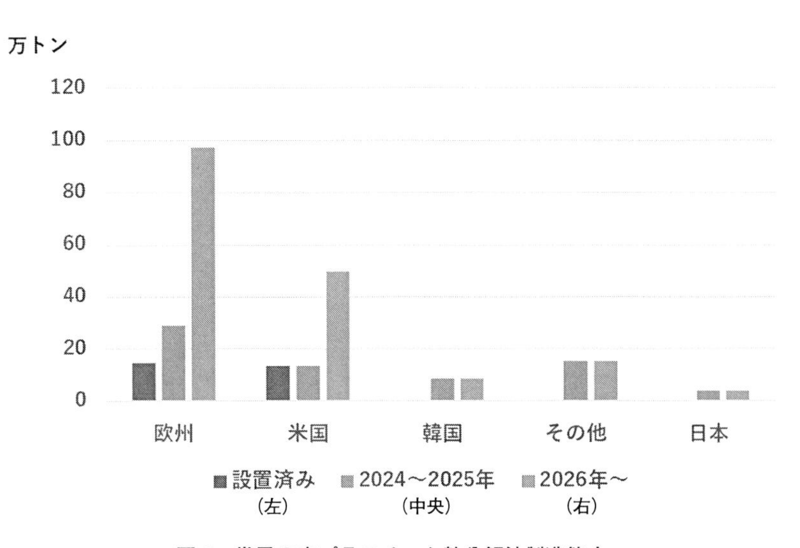

図５　世界の廃プラスチック熱分解油製造能力

ARCリポート（RS-1069）旭リサーチセンター，2024年５月を基に著者作成

(5) 日本の液化状況

日本では，三菱ケミカルが，英国のMuraの超臨界プロセスを導入し，まもなく鹿島で稼働する。三井化学は，広島のCFP社等の廃プラ熱分解油を従来のナフサへの混合を始めている[12]。出光興産は，環境エネルギー社の技術を用いて使用済みFCC触媒を用いてナフサ留分の得率の高いプロセスの工業化プラントの建設を開始した。

6．5　廃プラスチックのガス化

都市ごみには廃プラスチックが 約15％含まれている。都市ごみに含まれるプラスチックは食品残渣などと混合され，分離，精製することは困難である。これらのプラスチックは都市ごみと一緒にガス化して合成ガス（$CO/H_2/CO_2$）として化学品原料として利用されることになると思われる。

7 ソーティングセンター

海外では石油化学会社が主導して，例えばテキサス州のヒューストンでは ExxonMobil, Agilyx, Dow, LyondellBasell, INEO, ChevronPhillips が企業の垣根を越えて廃プラスチックリサイクルコンソーシアムを立ち上げ，マテリアルリサイクルするものとケミカルリサイクルにするものを分別し，それぞれの石油化学会社が引き取ることを始めている。ソーティングセンターの模式図を示す（図 6）。

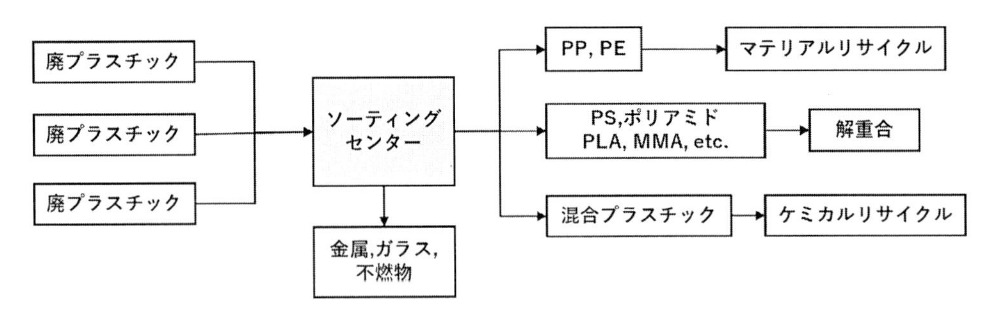

図 6　ソーティングセンター

日本では J&T 環境，JR 東日本，JR 東日本環境アクセスが「J サーキュラーシステム社」を共同で立ち上げ，首都圏最大級 200 t/日の使用済みプラスチック処理能力を持つ選別から再商品化まで一貫事業を目指している。

8 ビジネス展望

廃プラスチックのリサイクルビジネスは，まだ，始まったばかりである。国内の廃プラのリサイクルは，海外への輸出によるマテリアルを除くと大部分が PET ボトルの回収で，僅か 7%にしか過ぎない。ドイツの Nova Institute は 2050 年の世界のプラスチックの需要は 2018 年の約 3 倍の 12 億トンに達し，そのうち 63%の 7.5 億トンはリサイクルプラスチックになると予測している（図 7）[13]。今後のプラスチックビジネスの大きさが推測できる。

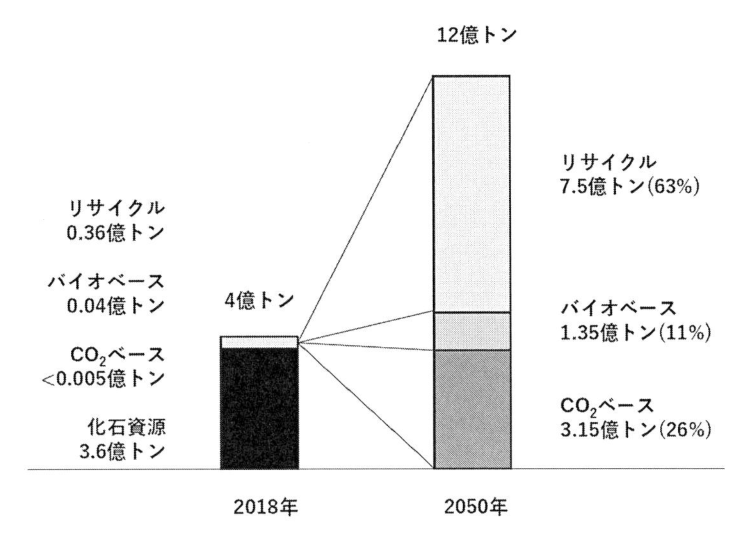

図7　2050年の廃プラスチックリサイクル

文　　献

1） Plastics, 2022.12.1
2） Martijn Broeren, *et al.*, CE Delft, March 2022
3） EREMA, Home Page（https://www.erema.com/en/home/）
4） https://www.resonac.com/jp/corporate/resonac-now/20221207-1991.html
5） 特開 2021-526575 P&G
6） PureCycle Technologies, 2021.9.3
7） WO 2016/049782 A1 Polysyvert
8） US 2022-0063138 A1 APK
9） 帝人フロンティア，2022.05.18
10） https://cehub.jp/news/denka-chemical-recycle/
11） ARC リポート（RS-1069）旭リサーチセンター，2024年5月
12） 三井化学ニュースリリース，2024.3.22
13） https://www.renewable carbon.eu/graphics

第2章　モノマテリアル包材に関する進展とBOPPバリアフィルムを用いたモノマテリアル包材

清水敏之*

1　はじめに

既報[1]において，「OPPバリアフィルムを用いたモノマテリアル包材の設計」について紹介した。本報では，発行当時（2022年）から現在（2024年後半）の約2年の間での変化について材料面，社会環境面の点から整理する。まず，2022年当時の状況を整理すると，

・日本においてはプラスチック資源循環戦略[2]，プラスチック資源循環促進法[3]が制定された。プラスチック製品を製造する側からは，「プラスチック使用製品設計指針」[4]が重要であり，製品のライフサイクル全体を通じた環境負荷等の影響を評価し資源循環促進の円滑な循環のための設計に係る取組みの優先順位が構造，材料面の面から示されているほか，製品分野ごとの設計の標準化並びに設計のガイドライン等の策定及び遵守について記載されていた[5]。

・資源循環による経済発展を標榜してきたEUでは，リサイクル性の担保に対して民間のイニシアチブによる検討が進められてきた。軟包装業界において，EUのイニシアチブであるThe Circular Economy for Flexible Packaging（CEFLEX）により「モノマテリアル」の要件はガイドラインDESIGNING FOR A CIRCULAR ECONOMY[6]において説明されている。これは現在においてもモノマテリアルの一般的な要件として理解されている。

・当時から，モノマテリアル包装材料，特にPP系における問題点は指摘されており，

　a）バリア性の低下：表材のPETと比較してバリア性が低下するため，内容物の劣化（食品の油の酸化など）のほか，内容物中の香りなどが外部に漏れる点。

　b）包装の腰感低下による外観の低下（印刷の見映え）：PETと比較してオレフィン系は弾性率などが低く，包装材料が柔らかくなるため，内容物を充填後の平面性が低下し，印刷や表示の見映えが低下する。

　c）加工適性，生産性の低下：PETと比較して耐熱性が低下するため，印刷や製袋加工時の温度を下げる必要があり，加工温度幅が狭くなる，生産性が低下する，などが起こる。

その他，環境ラベルなどを取得した材料が限られており，消費者とコミュニケーションできる材料が限られているなどの点が指摘されていた。

＊　Toshiyuki SHIMIZU　東洋紡㈱　フイルム企画管理総括部　フイルムマーケティング戦略部　マネージャー

本報では，モノマテリアル包材に関連する点より，リサイクル性やリサイクル率についての最近の進展とバリア性モノマテリアルPP包材に使用される材料と特にバリアBOPPについて報告する。

2　モノマテリアル

改めてモノマテリアルとは何と定義されるのかについて，その本来の狙いから「マテリアルリサイクルが可能な，包装材料全体が同一の樹脂で構成された包装材料」というのは一般的な定義である。これらの要件を満たすことにより，グローバルで目指している，リサイクルによる材料の再資源化が可能になるのかというと，この3年間の進展を見る限り，ギャップはまだ存在する。以下には，現時点での目標と現実のギャップのほか，マテリアルリサイクルの技術が進展することによりモノマテリアル包材の対象が拡大する可能性や，同一樹脂による構成の包装材料の進展について，以下に整理する。

2. 1　リサイクルの状況

2022年度実績による国内のデータ[7]として，樹脂生産量951万トン，再生樹脂投入量40万トンに対し，廃プラスチック排出量は823万トンで，そのうちの180万トン（22%）がマテリアルリサイクルされている。その他の再利用方法としては，コークス炉原料やガス化，油化向けのケミカルリサイクルに28万トン（3%）エネルギー回収利用（62%）となっている（図1）。

再生利用に使用された180万トンについて，その内訳はPETボトル51万トン，包装用フィルム26万トン，家電筐体など18万トン，物流資材14万トンなど，となっている。国内での包

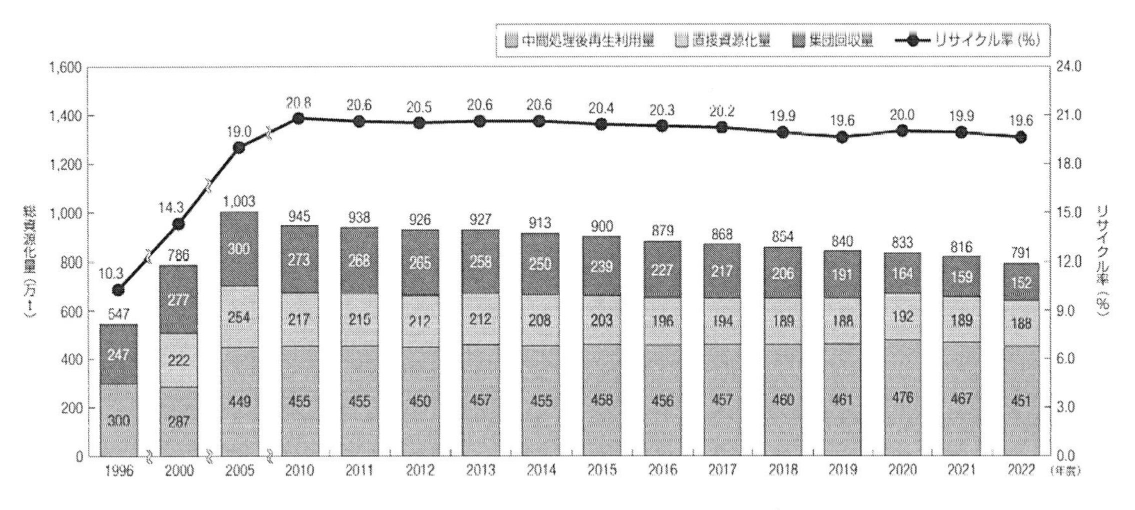

図1　ごみ総資源化量とリサイクル率の推移[7]

装・容器向けでのプラスチック使用量が400万トン程度とされるが，その10%弱が再生利用向けに使用されたとしてもそのリサイクル材料としての利用は非常に低調である。実際の26万トンの包装用フィルムが再生製品に使用され，その収率を70%としても実際に流通するのは20万トン程度とみられ，これは容器包装プラスチック全体の5%である。

海外についてはEU各国およびEU平均の状況が整理[8]されている。EU平均では容器包装プラスチックはリサイクル率としては41%となっており，2010年以降，回収率もリサイクル率もほぼ変化していない。業界に関係する企業によるイニシアチブであるCEFLEXからマテリアルリサイクルのための設計ガイダンスが公表され，EUの戦略としてリサイクルと資源循環を掲げているにもかかわらず，リサイクル率が向上していない。この原因についてCEFLEXの検討によると，モノマテリアル化した包装材料であっても，インキを含んだマテリアルリサイクル材では使用できる用途が限られており，異物などによる成型時の操業性の面が課題となり品位の面で拡大が難しい，との結果となっている。従来から指摘されている「リサイクル材を使用した用途や市場が拡大しないため，リサイクル能力も増えない」という点以外にも，必要特性の面から使用せざるを得ない異種材料を含む包装をモノマテリアル包材と選別するための技術が十分でなく，それらの混入によりリサイクル材の品位が向上しない，ということもリサイクル能力増強への投資が抑制されている原因にもなっているとの指摘もある（図2）。

では，市場に流通する包装材料を全て早急にポリオレフィン系のモノマテリアル包装材料に転換することでリサイクル率を向上させる点は解決するのか，というとそういうことにもならない

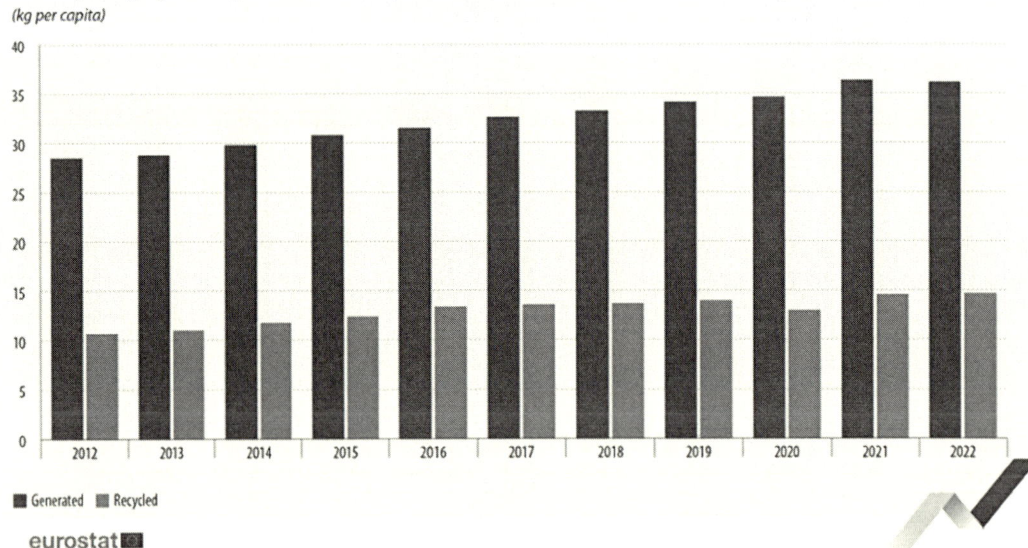

図2　EUにおけるプラスチックごみ発生量と再資源化量[8]

との理解が一般的である。プラスチックの最大の用途は食品包装などの容器包装用途であるが，食品包装用に使用する材料は，人体に対する安全性や衛生性を担保する必要がある点で他の用途よりも特段の要求を有する。リサイクルにおける回収時に様々な非意図的添加物（NIAS）の混入の可能性を避けられない面に対し，安全性・衛生性を担保するための技術的な方法，評価，規則がまだ整備が十分ではない点がある。EFSAやFDAでは長期の使用において容器包装からの移行が人体の健康を損なわない量として，移行量の閾値（全量移行として0.15 ppb/kg食品など）を設定しているが，飲料ボトルとして利用されているPETと比較し食品包装で使用されているポリオレフィン樹脂は食品などによる汚れが樹脂内部に吸着・残留しやすい特性を持ち，現時点では回収されたポリオレフィン樹脂においてマテリアルリサイクルや物理的（メカニカル）リサイクルによりNIASの閾値以下の食品移行量に担保するのは技術的に解決すべき点が残されている。リサイクル率を高めていく過程で，そのプラスチックの最大の用途である食品包装用にリサイクル材を使用することが不可避だが，そのためには食品包装材料向けの水平リサイクルで安全性・衛生性担保できる，ケミカルリサイクルなどの普及や生産能力拡大が急務である。

上記のケミカルリサイクルが食品包装用への資源循環において必須であるとすると，一旦油化やガス化を行うのであれば，食品包装用包装材料のモノマテリアル化は不要となり，異種積層材料でも問題なくリサイクルできるようになると思われるが，油化・ガス化などのケミカルリサイクルの現場ではポリオレフィンにポリエステルが混在するとオレフィン系モノマーの回収において問題になると説明する企業も一部あり（塩素による腐食やテレフタル酸など酸の昇華による配管閉塞なども指摘されている），これらの企業はケミカルリサイクルが前提であってもポリオレフィン系のモノマテリアル包材に統一すべきとの意見がある。いずれにしても，マテリアルリサイクルとケミカルリサイクルがベストミックスされた社会システムに収束されると思われるため，どちらのリサイクルにも適用可能なモノマテリアル化は必須であると考えられる。

なお，ケミカルリサイクルは，そのエネルギー使用量の面から，環境負荷の低減に対して効果が疑問視されているところもあるが，原因となっている高温での処理も，現在はより低温のリサイクル処理へと技術的には向かっており，今後は最適化により課題は解決していくものと思われる。

以上より，将来的には使用する用途に応じてマテリアルリサイクル，メカニカルリサイクル，ケミカルリサイクルなど各種のリサイクル方法が併用されていき，現状ではリサイクル性の点での構成面の厳しい制約が緩和されていくものと予想される。最適解としてはモノマテリアル包材が好適であり，変化していく社会システムに対して包装材料を提供する側としては早急に要求を満たす製品を提供していく必要がある。

2. 2　マテリアルリサイクルの進展

CEFLEXでの”Recycle Ready”は，マテリアルリサイクルが前提となっている。ここでのマテリアルリサイクルは，サーマルリカバリーやケミカルリサイクル以外の「材料としてのリサイクル全般」を包括したものを意図しており，このマテリアルリサイクルの中にメカニカルリサイクルのほか，各種の新しいリサイクル方法を含むものとしている。包装および包装廃棄物規制（PPWR）への適合に向けてマテリアルリサイクル品の品位向上が急務となっているEUでは各種のマテリアルリサイクル法[9]が提案されている。

・**マテリアルリサイクル**：回収，選別，洗浄，成形から構成。プラスチックをプラスチックとしてリサイクルする点で，一旦モノマーや化学原料まで分解するケミカルリサイクルと比較してエネルギー使用量が理論的には少なくなる。

・**メカニカルリサイクル（物理的再生処理）**：上記のマテリアルリサイクルの工程において，高温・真空下で残留物を除去する工程を含み，リサイクル品の品位や安全性を向上させる。

新しい方法としては，洗浄強化の側面のほか，酸化防止剤などの添加物やNIASの除去を行い，リサイクル品の品位向上や衛生性の担保を狙いとする。

・回収されたプラスチックを，NIASや酸化防止剤など除去すべき化合物を溶解する溶剤で洗浄・抽出し精製する方法（Extraction）。

・回収されたプラスチックから，再利用対象のプラスチックの溶剤を用いて溶解し，再沈・洗浄により対象物のみを取り出す方法（Dissolution）。

品位向上の側面では一定の効果があることは確認されており，今後リサイクル可能となる包装材料の対象が増えていくものと思われる。但し，現在検討中の技術であり，また現時点では再生能力としては限定的であり，今後，性能が確認された後に設備投資など社会実装へと進んでいくものと思われる。

2. 3　同一樹脂構成による課題

フィルムを取り扱う会社の立場から，国内での同一樹脂化の意味でのモノマテリアル化比率については，コスト的な面から3年前の時点においても十分に普及していたとの認識である。10年ほど前に当社が調査した結果では，重量でみると食品包装の半分は紙，残りの7割以上がモノオレフィン系構成の結果で（非開示資料），樹脂販売量から見ても妥当だったと思われる。なお，EUにおける軟包装材におけるモノマテリアル化比率は40〜60％との結果があり[10]，リサイクル率はモノマテリアル化比率と比べて高くはない。異種積層包装の用途は，高速充填性や意匠性の面で必要な場合やボイル・レトルト用包材などにのみ使用されている認識である。モノマテリアル化比率を増やしていく上での課題は，すなわちこれらの点への対応となる。

2. 3. 1　加工適性

一般的な包装材料としては，シール面側の樹脂を溶融させて密着させることでシールを行い，その際に表側は溶融しないことでシールバーへの張り付きやシール部の収縮を抑制することになっている。包装構成をモノマテリアル化（同一樹脂化）すると，当然のことながら同一樹脂のため融点差が小さくなり，従来のPET/LLDPEなどと比較すると正確なシール温度制御が必要となる。

これらの点については，主に包装機械側での対応が中心となっている。既存設備での対応法としては，シール回数を増やすことでシール部温度を狭い温度幅で管理するなどが具体的な方法となる。生産速度が下がるが，以前よりは改善はしているとの情報である。現在の製袋機はいずれもモノマテリアル化包材対応済み[11]となっている。

表材の耐熱性はPPであるためシール温度を上げるには限界がある。この点で密着不良やストロー抜けなどが課題となるため，低温シールタイプのPPシーラントの利用が提案されているが，これについては別稿[12]を参考にされたい。

2. 3. 2　外観

PETなどを表材として使用する包装材料と比べて，PP系の構成では上記の加工適性以外にも印刷適性，印刷品位や腰感低下などがみられるとされる。これらに対して耐熱性BOPPが提案されており，それと併せて全体の厚みを増やすなどの対応がとられているものが一般的である[12]。

2. 3. 3　環境ラベル

消費者へのアピール方法として，植物由来材料を使用していることを示すバイオマスマークやPETボトルから再生された再生PET樹脂利用商品などのマークは消費者にも認知されている。これに対してモノマテリアル化による廃プラ再資源化への貢献を消費者にアピールすることは従来から変わらず難しいのが現状である。最近，ポリオレフィン系樹脂でもバイオマス材料やリサイクル材料が登場し，環境ラベルや環境マークの取得が可能になっており，コストが高い点が許容されれば利用されていくものと思われる。なお，オレフィン系材料でバイオマス由来やリサイクル由来の原料を使用したものについてはマスバランス方式の持続性認証を活用したものが多いが，マスバランス方式はエコマークでラベル取得が可能[13]となっており，今後活用が増えていくと思われる。

2. 3. 4　バリア性

PPなどのオレフィン系材料では，酸素透過率がPETなどと比較し大きいため，バリア付与方法が必要である。前述のCEFLEXでは，リサイクル性に対して影響の少ないバリア材として，アルミナ，シリカ，EVOH，PVOH，アクリル系樹脂を挙げており，包装材料中で5%以下であれば問題ないとの記載[6]である。なお，アルミ箔については不可，アルミ蒸着については現在リサイクル性への影響を検討中となっている（表1）。

2. 3. 5　耐ボイル・レトルト性

従来より，ボイル・レトルト用包装材料としては，BOPET/Al/CPPの構成が一般的である。機能的な面から考えると，100～135℃での加熱に対して，(1)加熱による弾性率の低下，(2)内圧上昇，の二点から起こる包装材料としての密封性低下を抑制することにより耐ボイル・レトルト性を発現している。

これらをモノマテリアル化する場合，上記の構造からバリア性BOPP/CPPへの変更を考える

表１　CEFLEX デザインガイドラインにおけるバリア層の扱い[6)]
（CEFLEX Design For A Circular Economy Guidelines summary より）

	Guidance: Compatible with PE or PP mechanical recycling	Guidance: Limited compatibility with PE or PP mechanical recycling	Guidance: Not compatible with PE or PP mechanical recycling	Reasons	Advice	Materials and components for investigation in phase 2
Materials (Aluminium, Paper)	n/a	n/a	Paper ▸ Aluminium foil	Paper in the plastic mechanical recycling process is a serious disruptor as any remaining fibres carbonise during the extrusion process negatively affecting the recycled plastic quality	If paper properties are needed in a flexible packaging structure, then it should represent the dominant material by weight and be able to be identified as paper in the sorting process and be sorted into the paper fraction for recycling Although aluminium foil is not compatible with a plastic mechanical recycling process, these structures can be identified and removed in the sorting process by using eddy current separation technology. Sorted structures containing aluminium foil can be recycled via a pyrolysis process although the plastic proportion will not yet be recycled via this type of process	
Barriers	For each barrier layer and coating maximum 5% of total packaging structure weight - AlOx, SiOx, EVOH, PVOH, Acrylic ▸ Laminated and printed metallised layers	For each barrier layer and coatings over 5% of total packaging structure weight - AlOx, SiOx, EVOH, PVOH, Acrylic	To be determined	Facilitates higher yields and higher value recyclate. Materials may move towards being more compatible as technology and infrastructure evolve.	Barrier materials have a role to play in providing light-weight high-performance packaging in some applications and should not be replaced if there is a negative impact on product protection (there is often a greater environmental impact in product waste than the packaging).	Impact of barrier layers and coatings above 5% of total packaging structure weight ▸ PVDC coatings ▸ PA layers ▸ Surface metallised films

ことになる。問題として，BOPPの耐熱性はPETやAlに対して劣っており，処理時の収縮・伸びは大きくなり，バリア層へのクラック発生などが起こり，その結果，処理後のバリア性が低下するものと考えられる。耐ボイル・レトルト性のモノマテリアルPP包材では，この点に対してBOPP側の熱変形を抑制することが必要であり，高温においても熱収縮が小さく，かつ，応力に対して変形しにくい材料が必要となる。発生する応力への変形を抑制するために取られている方策として，

(1)BOPP側の高温での弾性率を上げる，厚みを増やすことにより応力に対する抵抗力を高める

(2)複数の薄いBOPPフィルムを積層することにより材料としての剛性を高める

などの方策が一般的となっている。

3　モノマテリアル包装材料の各社の状況

モノマテリアル向けの材料として，BOPP，BOPE，バリアBOPP，バリアCPPが挙げられるが，バリア材料以外のものは別稿[12]を参考されたい。バリア性材料としては，レトルト処理前後で酸素透過度10 ml/m^2･d･MPa（1 cc/m^2･d･atm）以下，水蒸気透過度1 g/m^2･d以下が使用可否の目安になるが，その目安への達成状況の点から，各社の最近の状況について以下に整理する。

3．1　TOPPAN

透明蒸着バリアフィルムのラインナップとして，PPベースの製品を上市している。2022年の時点で，レトルト対応のモノマテリアルPPパッケージについては発表済み[14]で，レトルト前後のバリア性も，酸素透過度10 ml/m^2･d･MPa以下，水蒸気透過度1 g/m^2･d以下のものは現在市場に存在する。ホット充填用でグレードGL-BPを中間層に使用する構成も提案されている。

また，2024年に発表されたGL-SPについては，一般蒸着PET同等レベル（酸素透過度5 ml/m^2･d･MPa，水蒸気透過度0.5 g/m^2･d）のバリア性を有し，乾燥物の包装用途に適しているとの記載[15]がある。

3．2　大日本印刷

PP系モノマテリアルのボイル・レトルト対応仕様品としては，webサイトの記事では，「ボイル殺菌後の酸素透過度，水蒸気透過度で10 ml/m^2･d･MPa，1 g/m^2･d以下，レトルト殺菌後で20 ml/m^2･d･MPa，2 g/m^2･d以下を達成」となっていた[16]が，2024年のTOKYO PACKでの展示では，ボイル・レトルト仕様品についてはレトルト後でもそれぞれ，10 ml/m^2･d･MPa，1 g/m^2･d以下のバリア性，との記載となっている。

3. 3 Amcor

TOKYO PACK 2024の展示において，ベース基材，サンド基材のハイバリアBOPPフィルムとして，BOPP-CGの展示がされていた。また，レトルト仕様，CEFLEXガイドライン準拠のRecycle-Readyのパッケージとして，AMLITE HEATFLEX™も展示されていた。レトルト仕様とのことより，バリア性はレトルト後でもそれぞれ，10 ml/m^2･d･MPa，1 g/m^2･d以下と考えられる。

3. 4 東レ

バリア用モノマテリアル材料として，バリア性BOPPを展示会でも発表している。東レでは，PPフィルムをトレファン®の商標で古くから一般工業用，包装材料用，コンデンサー用向けに広く販売しているのは周知のとおりであるが，webサイト[17]にも記載あるとおり，EVコンデンサ用等で培ったBOPPフィルムの構造制御技術と均質バリア層加工技術を組み合わせて，水蒸気透過率0.3 g/m^2･d，酸素透過率3 ml/m^2･d･MPa以下のバリアを有するBOPPを発表している。また，耐熱性を25℃以上高め，120℃以上の加工温度に対応できるようになったことから，ボイル・レトルト食品包装用途へのバリア性モノマテリアル用材料としては好適と思われる。

3. 5 ダイセルミライズ

透明蒸着BOPPとして製品名「バリアプラス」を発表[18]しており，展示会でもボイル・レトルト用としてRTHが展示されていた。酸素透過度は5 ml/m^2･d･MPa以下，水蒸気透過度は1.5 g/m^2･d以下，レトルト処理のバリア性は不明だが，レトルト処理可能との記載である。

3. 6 東洋紡

東洋紡は高耐熱性BOPPとしてパイレンEXTOP®を上市しており，それをベースフィルムとして使用した透明蒸着バリアBOPPとしてエコシアール® VP001を2022年に発表[19]している。

東洋紡の透明蒸着層はアルミナとシリカの二元蒸着により得られる点が特徴となっており，ボイル・レトルト処理後のバリア性低下が小さい点が特徴となっている（表2）。

なお，このVP001は単体や一般構成でのレトルト後のバリア性はそれぞれ20 ml/m^2･d･MPa，2 g/m^2･dとなっているが，加工時の材料や構成などを変更することでボイル・レトルト前後で酸素透過度10 ml/m^2･d･MPa以下，水蒸気透過度1 g/m^2･d以下とすることも可能で，現在，市場での効果確認を行っている。

4 まとめ

本報では，モノマテリアル包材に関連する点より，リサイクル性やリサイクル率についての最近の進展とバリア性モノマテリアルPP包材に使用される材料と特にバリアBOPPについて報

表2　東洋紡エコシアールVP001の特性表

評価項目		単位	VP001	汎用OPP	測定方法
厚み		μm	20	20	
水蒸気透過度 (40℃, 90%RH)	処理前※1	g /㎡・d	1.5	5.0	JIS K7129
	95℃ × 30min※1		1.7	-	
	130℃ × 30min※2		2.0	-	
酸素透過度 (23℃, 65%RH)	処理前※1	ml/㎡・d・MPa (cc/㎡・d・atm)	20 (2)	> 1000 (> 100)	JIS K7126
	95℃ × 30min※1		20 (2)	-	
	130℃ × 30min※2		20 (2)	-	
ラミネート強度	処理前※1	N/15mm	2.2	1.1	東洋紡法
	95℃ × 30min※1		1.7	-	
	130℃ × 30min※2		1.7	-	
加熱収縮率 (120℃ x 5分)	MD	%	0.8	2.7	JIS K6782
	TD	%	0.2	1.0	
加熱収縮率 (150℃ x 5分)	MD	%	3.5	11.2	JIS K6782
	TD	%	7.0	20.8	
引張強さ	MD	MPa	103	133	JIS K7127
	TD		235	337	
引張強度	MD	%	165	210	JIS K7127
	TD		20	50	
初期弾性率	MD	GPa	2.4	2.0	JIS K7127
	TD		5.1	3.6	

※1 バリア層にP1128(30μm)をラミネートして測定しています。　*非バリア層側:コロナ処理
※2 バリア層にP1146(70μm)をラミネートして測定しています。
(注)本品は開発品です。
物性値は現時点での代表値で保証値ではありません。今後、変更される可能性があります。

告した。EUのCEFLEXでは，リサイクル可能な軟包装材としてモノPP系，モノPE系をガイドラインで設定しているが，現在はモノオレフィン系，PET積層品などのリサイクル性を検討中で，再資源化後の物性などの点からガイドラインがアップデートされる予定である。ここで使用可能な材料が増えると，バリアBOPPなどの組成面での制約も緩和されていくものと思われる。

また，現在のバリア性PPモノマテリアルでは，耐熱性や特性の面で従来のPET系などの異種積層品と比較して現状では原料使用量や厚みが増えてしまい，LCA評価を行うと不利である。リサイクル可能である点を優先してPP系やPE系のモノマテリアル包材を選択するのか，リサイクル可能とは現在はなっていないものの実際に環境に放出される温室効果ガスが少ない従来の

異種積層包材を優先するべきなのか，という課題も残っている。現状ではモノマテリアル化されていてもリサイクルインフラが不十分な場合にはリサイクルできないため，全く無駄になっているケースも少なくないと思われる。

今後，上記の課題が解決され，全ての包装材料が再資源化されるようになるとは思うが，これらの課題を早急に解決していくのは技術者の責務である。企業間の技術者の協力も必要と思われるため，これらの枠組みなどが検討されることを期待したい。

文　献

1）技術情報協会「容器包装材料の環境対応とリサイクル技術」第3章　第2節，2022年12月27日発行）
2）https://www.env.go.jp/press/files/jp/111746.pdf
3）https://www.meti.go.jp/press/2021/01/20220114001/20220114001.html
4）https://plastic-circulation.env.go.jp/wp-content/themes/plastic/assets/pdf/kokuji_002.pdf
5）https://www.pprc.gr.jp/activity/environmental-consideration/images/guideline_v3.pdf
6）https://guidelines.ceflex.eu/
7）(一社)産業環境管理協会 資源・リサイクル促進センター　リサイクルデータブック 2024（https://www.cjc.or.jp/data/pdf/book2024.pdf）
8）https://ec.europa.eu/eurostat/en/web/products-eurostat-news/w/ddn-20241024-3
9）https://ceflex.eu/public_downloads/FIACE-Final-report-version-non-confidential-version-15-3-2017.pdf
10）https://ceflex.eu/multi-country-study-setting-new-benchmark-for-detail-and-understanding-of-plastic-packaging-in-european-waste-streams/
11）https://www.totani.co.jp/about/history.html
12）清水，プラスチックの環境問題の動向と包装材料の最近の動向，繊維学会誌　2024年80巻4号 p. P-119-P-128
13）マスバランス方式による「バイオマス由来特性を割り当てたプラスチックを使用した容器包装」で初のエコマーク認定 https://www.ecomark.jp/info/release/PR23-04.html
14）https://www.toppan.com/ja/living-industry/packaging/products/mono-material_flexible_packaging/（詳細については現在はリンク切れ）
15）https://www.holdings.toppan.com/ja/news/2024/09/newsrelease[illegible]10007_1.html
16）https://www.dnp.co.jp/biz/products/detail/20172616_4986.html
17）https://www.toray.co.jp/news/details/20220829134038.html
18）https://www.daicelmiraizu.com/business/coating/mono-material/
19）https://www.toyobo.co.jp/news/2022/release_1369.html
https://recyclass.eu/recyclability/design-for-recycling-guidelines/

第3章　モノマテリアル加飾シートの開発と自動車への展開

近藤　要*

1　はじめに

従来，プラスチック成形品へ意匠を付与する方法として塗装が使用されている。しかし，塗装した成形品は，マテリアルリサイクル（以下 MR）時に，樹脂中に分散した塗膜が要因となるリサイクル成形品の大幅な物性低下が生じる[1]。近年のプラスチック資源循環志向の高まりにより，塗装成形品の MR が検討されるも，この物性低下が大きな課題となっている。さらに塗装工程は，塗装ブースの温湿度コントロールや焼き付けに多大なエネルギーを投入している。新車の製造で発生する CO_2 の約3割が塗装工程から生じているため，塗装ラインに変わる意匠性付与方法が求められている[2]。以上の背景より我が社では，透明ポリプロピレン（以下 PP）加飾シートのピュアサーモ（以下 PTM）と PP 射出樹脂の組み合わせによる PP 成形品の意匠付与とモノマテリアル化による資源循環への対応を提案している。本章では，最初に加飾成形と PTM の概要を解説し，続いてプラスチック成形品の塗装代替方法について述べる。最後に，PTM を用いた加飾成形品のリサイクル適性について紹介する。

2　加飾成形法の概要

プラスチック成形品への意匠付与は，様々な方法が用いられている。本章では，これらの詳細は成書[3]に譲るとして，PTM に適用可能な加飾成形法に限定して概要を述べる。PTM に適用可能な成形法は，射出成形を用いたインサート成形（以下 ISM）やインモールド成形（以下 IMM），金型内賦形インサート成形（以下 ISF）や成形品へシートをオーバーレイする被覆成形法（以下 OVM）である。図1に各成形工法のモデル図および表1に各成形法の比較を示す。表1は，PTM を適用した場合に限り，他素材のシートを用いた場合は異なる評価であることに留意されたい。対象となる部品の形状によって，適切な加飾成形法が選択される。PTM は，後述する加熱後の物性向上と賦形時の収縮挙動を考慮すると，ISM と ISF が最適である。特に，射出成形金型内での予備賦形により，キャビティ形状と賦形したシート形状が一致した状態となる ISF は，歩留まりや形状安定性が向上することから，PTM に最も適している。

＊　Kaname KONDO　出光ユニテック㈱　商品開発センター　所長付，技術士（化学部門）

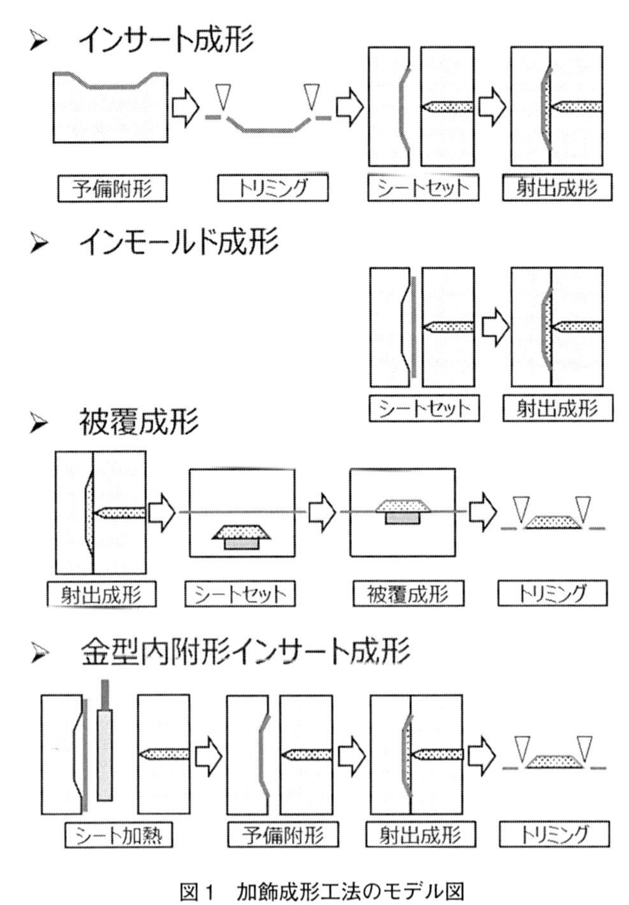

図１　加飾成形工法のモデル図

表１　PTMに適用可能な加飾成形工法の特徴

	インサート成形	インモールド成形	被覆成形	金型内附形インサート成形
成形性	○ 良品率：高	△ ・金型への追従困難 ・成形不良頻度：高	△ ・冷却マーク，しわ ・密着強度低い	◎ ・原理的に最適な工法
成形後経時変化	○	○	× ・成形時の残留応力で端部剥がれ，位置ズレ	◎ ・附形による収縮と成形樹脂の収縮が一致
物性	○	× ・シート低結晶	○	○
コスト	△	○	×	○
難易度	High ・予備附形金型設計（収縮予測） ・附形品管理	Middle	さらに高い	Middle ・予備附形金型不要
技術課題	成形倍率によるシート収縮率予測	シート低物性	・残留応力 ・粘着剤 ・ドローダウン	・トリミング

3　PTMの特性と特徴

PTMは，優れた透明性を活かして図2の用途に使用されている。加飾用途では，二輪車カウル，産業機器，自動車内装および自転車アフターパーツ等に採用されている。PTMを用いた加飾成形は，成形品表面が加飾シートとなることが多い。そのため，加飾シートとしてPTMに求められる特性は，①透明性，②形状追従性，③諸耐久性が挙げられる。PTMの特性と特徴を以下に記す。

3. 1　PTMの透明性

PTMによる成形品への意匠付与は，主に印刷と射出樹脂の着色によって行われる。図3にそれぞれの意匠付与方法の成形品例を示す。印刷は，独自の易接着処理によって汎用インキを密着させることが可能であり，スクリーン印刷やオフセット印刷，インクジェット印刷，グラビア印刷など各種印刷方法を適用可能である。着色樹脂との組み合わせでは，透明なPTMと成形することで，PTMがクリア層の役割を果たし，着色樹脂の意匠を鮮やかに表現することができる。

表2に透明性の指標となる各種加飾シートの全光線透過率とヘーズ値を示す。独自技術で製膜したPTMは，図4に示すように可視光を透過する準安定構造の微小なメソ相で形成されているため，粗大な結晶で構成された一般的なPPシートと比較して優れた透明性を示す。PTMは，全光線透過率が91%超であり，アクリル樹脂に次ぐ透明性である。ヘーズ値は，後述する結晶化による透明性向上後に3.7%を示しており，二軸延伸PETと同等である。図5に各種加飾シートを通して着色紙（赤，青，緑，白）を測色した結果を示す。色差ΔEは，着色紙の測色結果を基準として，加飾シートを通して測定した結果を表している。PTMは，PCやPETよりも

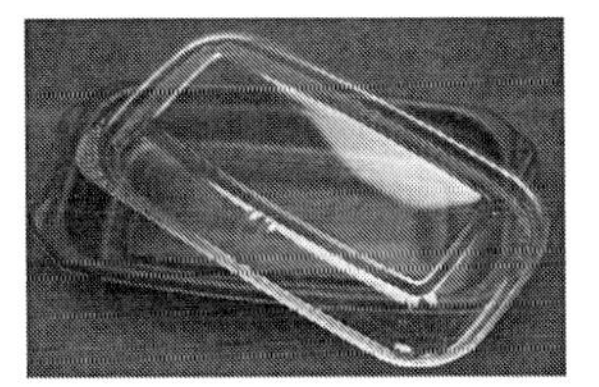

食品包装

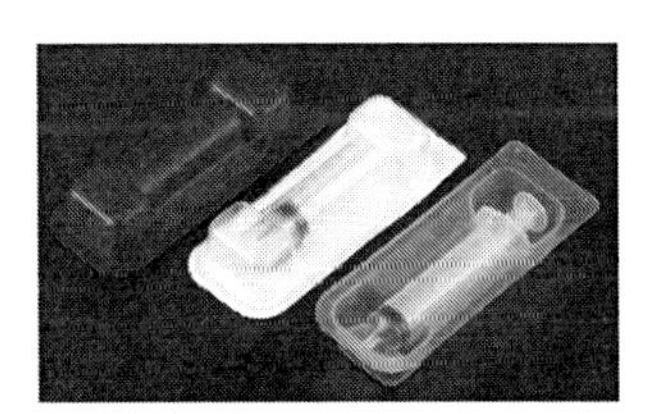

医薬品包装

YZ-450F 50th Anniversary Edition
素材提供：ヤマハ発動機株式会社様

加飾シート

図2　PTMの採用事例

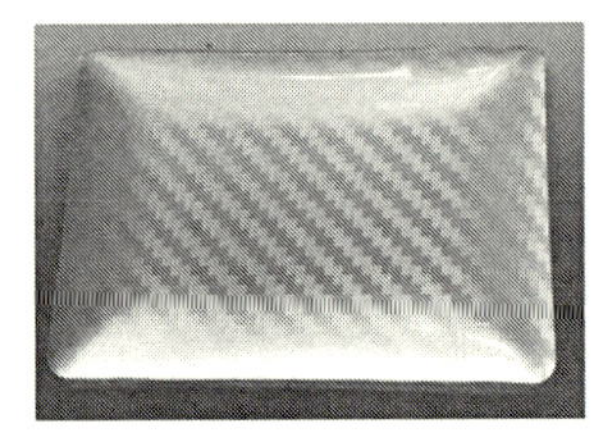

スクリーン印刷

インクジェット印刷

オフセット印刷

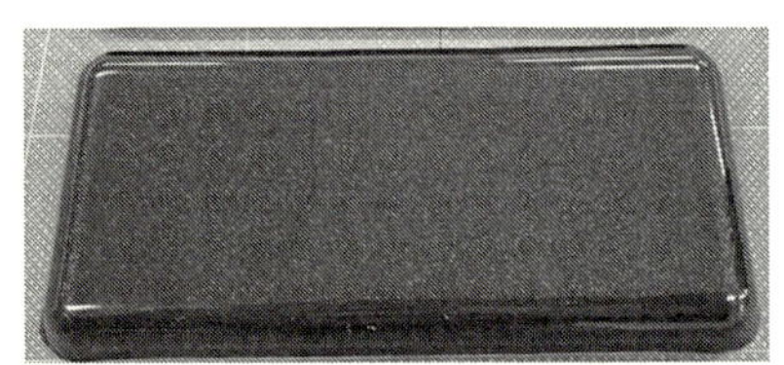

出光加飾シート／着色樹脂

図3　PTM を用いた各種意匠付与方法の成形品例

表2　各種加飾シートの全光線透過率とヘーズ値

	全光線透過率 ［%］	ヘーズ ［%］
ピュアサーモ （シート / 結晶化後）	91.4/91.3	8.4/3.7
アクリル樹脂	92.4	0.4
ポリカーボネート	89.8	2.3
二軸延伸 PET	87.2	3.8

一般PPシート

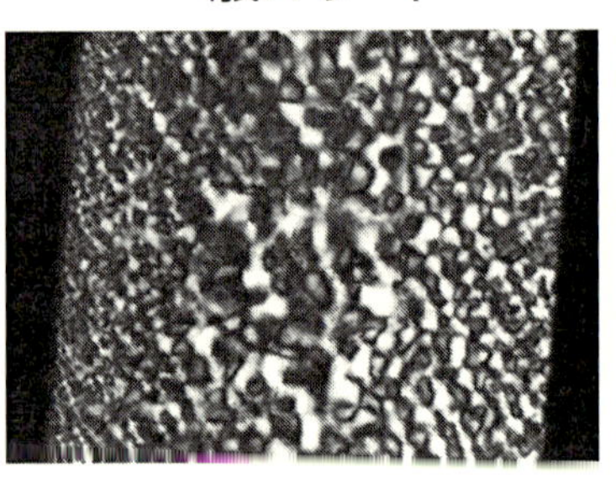

結晶が巨大化
＝不透明

出光加飾シート

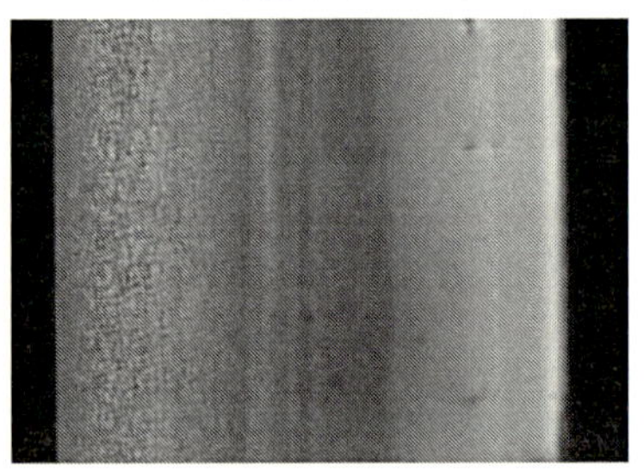

結晶微細化
（メソ相構造）
＝高透明

図4　PTM と一般 PP シートの断面画像
（偏光顕微鏡・クロスニコル）

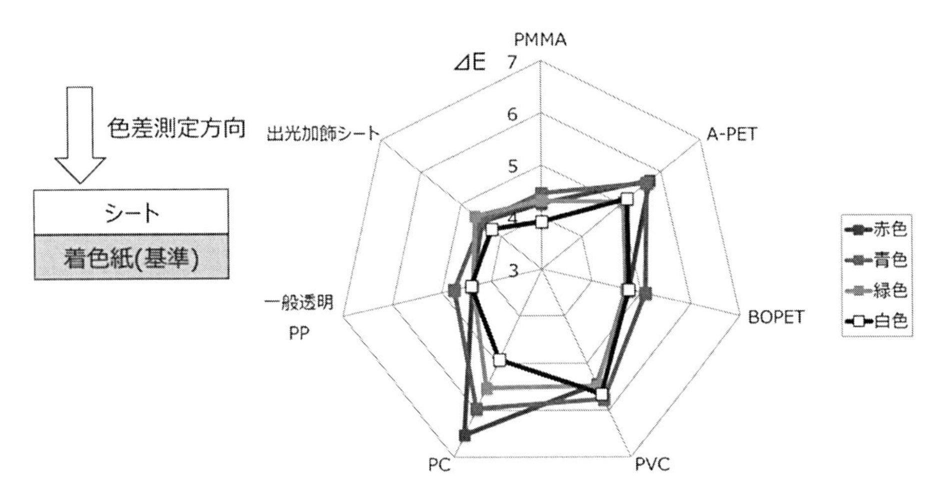

図５　各種加飾シートを通した場合の着色紙との色差

ΔＥが低く，PMMAと同等であることから，裏印刷や着色樹脂によってシートの裏面に付与された意匠の色再現性に優れたシートであることを示唆している。

3．2　PTMの形状追従性

PTMを形成するメソ相は，安定構造のα晶より低温で軟化温度が低いため，複雑形状への賦形が可能である。PTMは，賦形時の加熱により，微細な構造を維持したままα晶へ転移し，同時に結晶化度も熱処理前の50％から72％程度まで上昇する（処理温度150℃の場合）。さらに熱処理によって，表３のように剛性と表面硬度および透明性が向上する。これは，結晶化度上昇による機械物性の向上に加えて，α晶の比率上昇に伴うシート内の屈折率差が低減したことが要因である[4]。以上のように，PTMは従来困難であった成形性と優れた物性，透明性を兼ね備えた加飾成形に適したシートである。

表３　PTMの熱処理による物性変化

		出光加飾シート AG-3415AS	
		原反	150℃熱処理後
厚み（mm）		0.2	0.2
ヘイズ（％）		8.4 →	3.2
全光線透過率（％）		91.4	91.3
引張弾性率［MPa］	MD	1,440 →	2,990
	TD	1,440 →	2,440
降伏強度［MPa］	MD	25 →	38
	TD	24 →	33
表面硬度		3B →	B

3. 3　PTM の諸耐久性

PTM は，意匠保護や屋外での使用に対して劣化を防止するため，独自技術によって耐候性，耐薬品性，耐傷付性を付与している。図 6 に XOWM による耐候性と図 7 に耐薬品性試験結果を示す。

PP 射出成形品の表面硬度は，鉛筆硬度で 6B～3B 程度であり傷付きやすいため，意匠部品として使用可能な領域が限定されていた。一方で，PTM は結晶化後に B まで上昇するため，PTM を用いた加飾成形品は，一般の PP 成形品と比較して耐傷付性と耐摩耗性に優れている。従来，摩擦による傷を考慮して意匠を付与できなかった部品や部位に対して，PTM を用いた加飾成形では意匠を付与可能となるため，成形品の付加価値を向上できる。

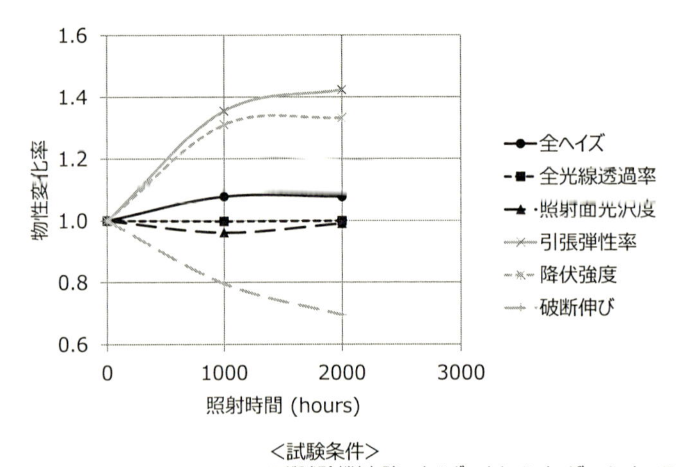

<試験条件>
スガ試験機㈱ 強エネルギーキセノンウェザーメーターSX75
放射照度180W/㎡(300～400nm)、BP温度63±3℃、
湿度50±5RH%、降雨18min/120min

図 6　PTM の促進耐候性試験結果

【ブレーキフルード塗布後48時間経過サンプル（常温）】

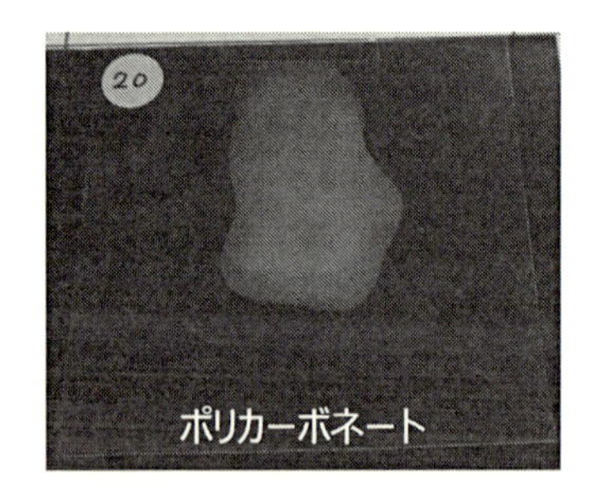

図 7　耐薬品性試験後の PTM と PC シートの外観
（ブレーキフルード塗布・48 時間常温静置）

4　プラスチック成形品の塗装代替工法

冒頭で述べたとおり，プラスチック成形品のMR適性向上および塗装工程から排出されるCO_2削減のため，塗装を代替する意匠付与方法が検討されている。ここでプラスチック成形品の塗装代替を図8に示す。工法の選択は，樹脂の結晶性によって異なる。発色性や塗料密着性の良い非晶性樹脂（PCやPMMAなど）は，材料着色が主な選択となり，その他金型内塗装や加飾シートを用いた方法が適用される。一方で結晶性樹脂，特に自動車分野で多く使用されるPPの場合は，物性付与のために充填されたゴムやタルクによって発色性が低く，さらに高度な結晶化構造によって塗料も密着しないため，材料着色と金型内塗装の適用は困難である。そのため，PP成形品の塗装代替は，加飾シートが主な選択となる。様々な材質の加飾シートが存在するが，成形品の変形抑制やモノマテリアル化の観点から透明PPシートを用いることが有効である。

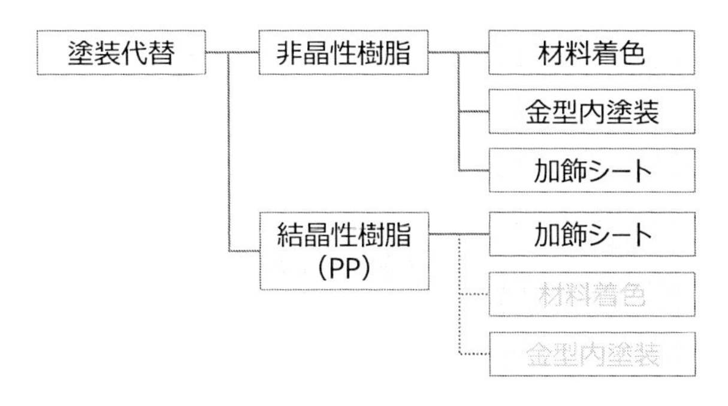

図8　プラスチック成形品の塗装代替工法の分類

5　PTMを用いた加飾成形品のMR適性

PTMを用いた加飾成形品のMR評価を図9に示す方法で実施した。未塗装（A），白色塗装（B），PTMインモールド成形（C）それぞれの成形品を粉砕して再成形した試験片を用いて高速面衝撃試験で評価した。A，Cは同等の破断エネルギーを示すことから，PTMのインサート成形品は，未塗装と同等の衝撃強度であることを示唆している。一方，サンプルBはサンプルA，Cと比較して破壊エネルギーが1/50程度に低下し，衝撃強度へ大きく影響する結果となった。これは，樹脂中に分散した塗膜が破壊起点になることが原因である。この一方，PTMはPP射出樹脂と共に溶融して分散するため，塗装では実現できなかった高品位のMRが可能である[1)]。

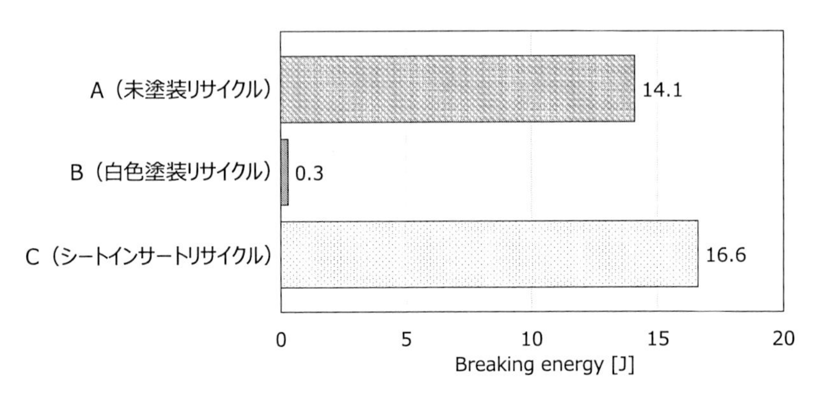

図9　リサイクル成形品の高速面衝撃試験結果
（試験温度－30℃，速度 4.4 m/s）

6　おわりに

本章では，透明PPシートのPTMの特徴とこれを用いたPP意匠部品のモノマテリアル化によるMR適性の向上について述べた。我が社は，PTMの展開を通じてプラスチックの資源循環の実現に向けて微力ながら貢献する所存である。

文　　献

1）松浦辰郎，荒木亮祐，近藤要，成形加工，**22**, 189-190（2022）
2）日産自動車株式会社，https://www.nissan-global.com/JP/SUSTAINABILITY/ENVIRONMENT/GREENPROGRAM/CLIMATE/PRODUCTION-ACTIVITY/
3）桝井捷平，プラスチック加飾技術の最近の動向と今後の展開，加工技術研究会発行（2018）
4）Funaki.A, Kondo.K, Kanai.T, *Polym.Eng.Sci.*, **51**(6), 1068-1077（2011）

第4章　スーパーエンプラおよびエポキシ樹脂のケミカルリサイクルに向けた分解，解重合法の開発

南　安規*

1　はじめに

有機資源の枯渇に対抗する資源の永続利用に向けての観点から，循環経済の確立に向けて世界的な取り組みがなされている。もちろん，社会政策においても例外ではなく，欧米・国内の法規制によるマイルストーンの設定が進められている。欧州プラスチック戦略によると，例えば2025年までにプラスチック容器包装のリサイクル率50%，2030年までにはそのプラスチック容器包装の再生材含有率を30%以上にすることが掲げられている。我が国ではプラスチック資源循環戦略がある[1]。この中で，2030年までにプラスチック容器包装のリサイクル率を60%，2035年にはすべての使用済みプラスチックをリユースまたはリサイクルすると設定されている。特に後者の設定目標は重要であり，ポリプロピレンやポリエチレンなどの高生産量の汎用プラスチック，またリサイクル技術開発が盛んなPETだけでなく，それまで顧みられることの少なかった生産量が少ない高機能プラスチックも例外なくリサイクルに適用させることを目標とするものである。

こうした背景のもと，プラスチック製品および廃棄物のリサイクル技術開発が盛んに取り組まれている。この中で，材料を化学的に分解して原料に再変換する，また高付加価値化するケミカルリサイクル技術に注目が集まっている。現状は発展途上といえる段階だが，複合材料の選択的分解による分離回収にも応用できるなど，その将来性が期待されている。実際に，ポリスチレンやポリエステル，ポリカーボネート，ポリアミド，ポリウレタンなど多くのプラスチックのケミカルリサイクルの研究が国内外で広く取り組まれている。

ところで，ポリエーテルエーテルケトン（PEEK）やポリフェニルスルホン（PPSU）などの高機能熱可塑性樹脂，いわゆるスーパーエンジニアリングプラスチック（以下，スーパーエンプラ）は150℃以上の優れた耐熱性を有する高安定プラスチックである。耐熱性だけでなく，耐薬品性，自己消火性，機械的強度を有しており，軽量化に貢献しながら金属部品を代替できる理想的な高分子材料として，半導体材料，医療材料，自動車また航空宇宙産業への利用が広がっている。これらは主にベンゼン環によって主鎖が構成され，この特徴的な分子構造によって，上述の安定性がもたらされている。プラスチック全体の生産量の中では少ないものの，産業社会におい

* Yasunori MINAMI　(国研)産業技術総合研究所　サーキュラーテクノロジー実装研究センター　プラスチックケミカルリサイクルチーム　上級主任研究員

て不可欠な材料であるため，今後増加すると予測されている。しかし，その高い安定性のため，ほとんどのスーパーエンプラをケミカルリサイクルすることが極めて難しい。事実，スーパーエンプラの低分子化，および化学分解に関する報告は，われわれが研究に着手する以前では，ポリフェニレンスルフィド（PPS）およびポリエーテルスルホン（PESU）を対象とする数例にとどまっていた[2~7]。もちろん，これらの報告はスーパーエンプラのケミカルリサイクルの可能性を示唆しているが，十分に開発されていないことを示している。加工性に優れたスーパーエンプラの開発も進められているものの[8]，現在汎用されているスーパーエンプラの需要は高く，例えばPEEKの2020年～2026年の年平均成長率（CAGR）が4.54％と予測されているなど，必須樹脂材料として今後も高い成長が見込まれている。したがって，このスーパーエンプラの現状が続く限り，経済および環境への高い負荷だけでなく，先に述べたリサイクル不可能なプラスチックの使用が禁止されると予測される未来に対応できない。こうした課題は，スーパーエンプラに限らず，エポキシ樹脂など他の安定プラスチックも同様である。われわれはこの予期される社会問題を打開し，スーパーエンプラやエポキシ樹脂などの安定樹脂材料の継続利用を支えるべく，スーパーエンプラおよびエポキシ樹脂を有機原料に再生させるケミカルリサイクル技術の開発に取り組んでいる。

2 ポリフェニレンスルフィド（PPS）のベンゼンへの分解

ポリフェニレンスルフィド（PPS）はスーパーエンジニアリングプラスチックの一つであり，高い耐熱性，耐薬品性，機械的強度を有する。しかし，その高い安定性のため，ケミカルリサイクルは極めて困難である。一方，遷移金属錯体触媒を用いることによって，炭素-硫黄結合を切断して有機基に変換する触媒反応が数多く報告されている。実際にPPSを用いる遷移金属触媒反応もMorandiらによって報告されており，パラジウム触媒によってPPSとチオールを用いた炭素-硫黄結合のメタセシス[7]，ニッケル触媒とシアン化亜鉛を用いるPPSのジシアノベンゼンへの変換反応[9]がある。Morandiらの報告は，彼らが見つけた低分子の炭素-硫黄結合の触媒的変換反応をPPSに応用したものである。しかし，低分子を用いて開発された炭素-硫黄結合の変換反応が全てPPSに使用できるわけではない。この違いを調査することを念頭に，われわれはPPSの，パラジウム触媒と反応剤にトリエチルシランを用いた分解反応を検討した。その結果，PPSが溶媒に用いたキシレンに溶解することなく，基礎有機原料であるベンゼンと硫黄源として利用されているジシリルスルフィドに収率よく変換されることがわかった（図1）[10]。本法は，100℃というPPSの耐熱温度より低い温度で進行する。かさの小さいヒドロシランが本法に必須であり，本法で採用したトリエチルシランよりかさの高いヒドロシランの場合，分解反応はほとんど進行しない。以上の研究成果は，ポリマー表面と反発せずにうまく反応できる適切な大きさの反応剤，および触媒を選定することが，スーパーエンプラの分解に求められることを示唆している。

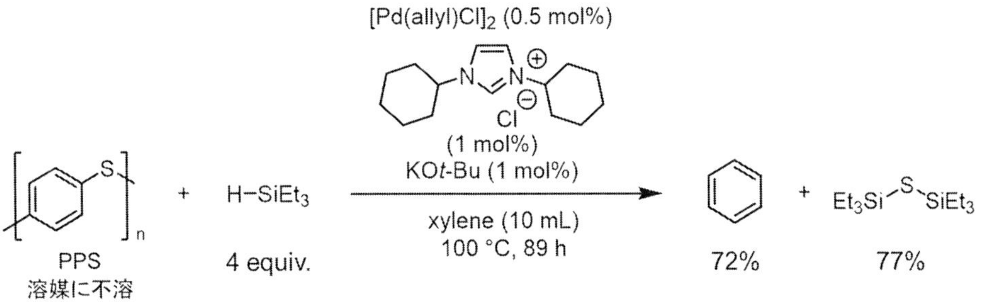

$[Pd(allyl)Cl]_2$ (0.5 mol%)
Cl
(1 mol%)
KO*t*-Bu (1 mol%)
PPS 溶媒に不溶 + $H-SiEt_3$ 4 equiv. → xylene (10 mL) 100 °C, 89 h → 72% + $Et_3Si-S-SiEt_3$ 77%

図1　スーパーエンプラ PPS のベンゼンへの分解

3　ポリエーテルエーテルケトン（PEEK）の分解法の開発

先の PPS 分解の研究から，われわれは，ポリマー表面とうまく相互作用でき，強固な結合を切断するだけの反応性を有する反応剤，または触媒であれば，PPS 以外のスーパーエンプラの分解，しいては解重合を達成できると期待した。こうした視点の元，ケミカルリサイクルの前例がなかった PEEK に着目した。PEEK はスーパーエンプラの中で抜群の耐熱性を誇り，耐薬品性，高い機械的強度，難燃性，耐放射線性，電気絶縁性など高い安定性を持つ。この優れた安定性から，高価であるものの，半導体，航空宇宙，医療，自動車などの先端素材に利用されている。また，3D プリンターの素材としても知られている。一方，この高い安定性に起因してケミカルリサイクルは極めて困難とされ，実際に分解・解重合の例はわれわれがこの研究に取り組むまで皆無であった。こうした背景のもと，PEEK の分解を達成できれば，これまで困難だった難分解性樹脂の分解・解重合法の突破口になると考えた。

本研究の標的となる PEEK は電子求引性のカルボニル基を有するベンゾフェノンとヒドロキノンとの繰り返し構造からなる高分子である。カルボニル基の電子求引性により，ベンゾフェノン部のパラ位炭素-酸素結合は比較的求核反応によって切断されやすいと想定される。この炭素-酸素結合は，PEEK を合成する際に生じる結合であることから，この炭素-酸素結合を選択的に切断できれば，元のモノマーに相当するベンゾフェノン体とヒドロキノンを再生できる。この観点のもと，われわれは硫黄反応剤のチオール（R-SH）に着目した。チオールは塩基によって容易に活性化されて求核性の高いチオラート（$R\text{-}S^-$）となり，さまざまな触媒によって芳香族化合物に連結できる。さらに，導入された硫黄官能基は反応条件を工夫することによって，ハロゲンなどと同様に脱離基として利用できる。つまり，チオールを求核剤に用いて PEEK の標的炭素-酸素結合を切断する分解反応を達成できれば，脱離基として硫黄官能基を有するモノマー生成物が得られることになる。この視点のもと，PEEK に対して 2-フェニルエタンチオールと適切な塩基，高沸点溶媒の *N,N*-ジメチルアセトアミド（DMAc）を適量用いて 150℃でかくはんすると，PEEK の標的主鎖結合を精密に切断でき，円滑に分解反応が進行することがわかった[11]。この時，系中には求核性の高いベンゾフェノン-4,4'-ジチオラートのナトリウム塩と，

PEEK のモノマーの一つであるヒドロキノンが生成物として存在している。PEEK は溶媒に溶解していなかったので，不均一系で分解反応が進行したことがわかる。この反応温度は，PEEK の融点の約 320℃，連続使用温度の約 240～250℃より低い。分解後，反応溶液をいろいろな有機ハロゲン化物，または塩酸を加えると，ベンゾフェノン-4,4'-ジチオラートのナトリウム塩のみが反応し，いろいろな硫黄官能基を有するベンゾフェノン誘導体とヒドロキノンが収率よく得られた（図 2 上）。ヨウ化メチルで処理すると，4,4'-ジメチルチオベンゾフェノンとヒドロキノンが得られる。ヨウ化メチルに替えて，塩酸，2-ブロモエタノール，グリシジルクロリドで処理すると，ヒドロキノンとともに対応する生成物，4,4'-ジメルカプトベンゾフェノン，4,4'-ジ(2-ヒドロキシエチル)ベンゾフェノン，4,4'-ジ(グリシジル)ベンゾフェノンがそれぞれ得られる（図 2 下）。

本法によって得られた硫黄官能基化ベンゾフェノンを用いて，さまざまな高分子の合成に成功している。例えば，4,4'-ジメチルベンゾフェノンをスルホニオ化，つづくヨウ素化により 4,4'-ジヨードベンゾフェノンに変換し，つづくビスフェノール A との交互共重合により PEEK と類似した構造の交互共重合体を合成している。4,4'-ジメルカプトベンゾフェノンと酸クロリドとの縮合重合によりポリチオールエステルも合成している。これら重合反応の詳細は原著論文[11]に記しているので，参照していただければ幸いである。このように，本分解法は単に PEEK からモノマー生成物を得るだけでなく，さまざまな機能性分子の合成に展開できるため，PEEK の

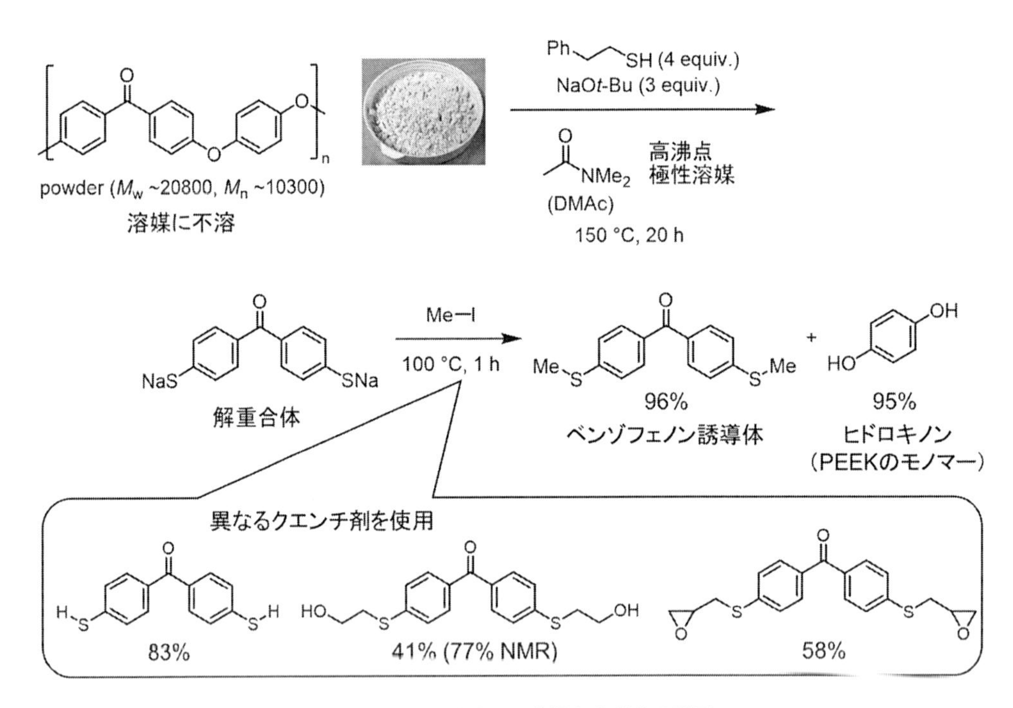

図 2　PEEK のチオール分解と生成物の利用

アップサイクリング法になりえる。

今回開発したPEEKの分解反応の詳細を明らかにすべく，PEEK粉末，またペレットを用いて本反応の推移を^{1}H NMRにて追跡した（図3A，B）。図2で示した条件を採用し，時間ごとにヨウ化メチルで処理した。このとき，図3Cに示すベンゾフェノン部とヒドロキノン部が一分子ずつ連結した共モノマー**A**と，チオール由来のフェニルエチル基が一つ残っているベンゾフェノン**B**，ジメチルチオベンゾフェノン**C**が^{1}H NMRにて観測された。PEEK粉末の場合，反応開始から1時間後の時点でAの収率は約10%，ベンゾフェノン体が合計約90%だった。したがって，樹脂の低分子への分解自体は一時間以内でほぼ終了していたことがわかる。このとき，**B**が主生成物だったが，徐々にフェニルチオ基が脱離する反応が進行し，最終生成物**C**に移行した。すなわち，本来困難とされていた樹脂分解よりも**B**の硫黄上のフェニルチオ基を置換してジフェニルエチルスルフィドが生成する低分子反応の方が遅かったことになる。**A**は3時間以降ではほぼ観測されなくなった。

一方，PEEKペレットの場合，一時間後では**A**，**B**，**C**が合計収率30%未満とそれほど観測されず，使用したペレットよりも小さくなったPEEKペレットが残存していた（図3D)。この後，ペレットの大きさが減少しながら**C**の収率が増加し，最終的にはPEEK粉末と同じ収率で**C**が得られた。先にも述べたとおり，PEEKは溶媒に不溶であるため本法は不均一系で進行する。したがって，本法はPEEK素材の形状，例えば粉末またはペレットによらず使用できるが，

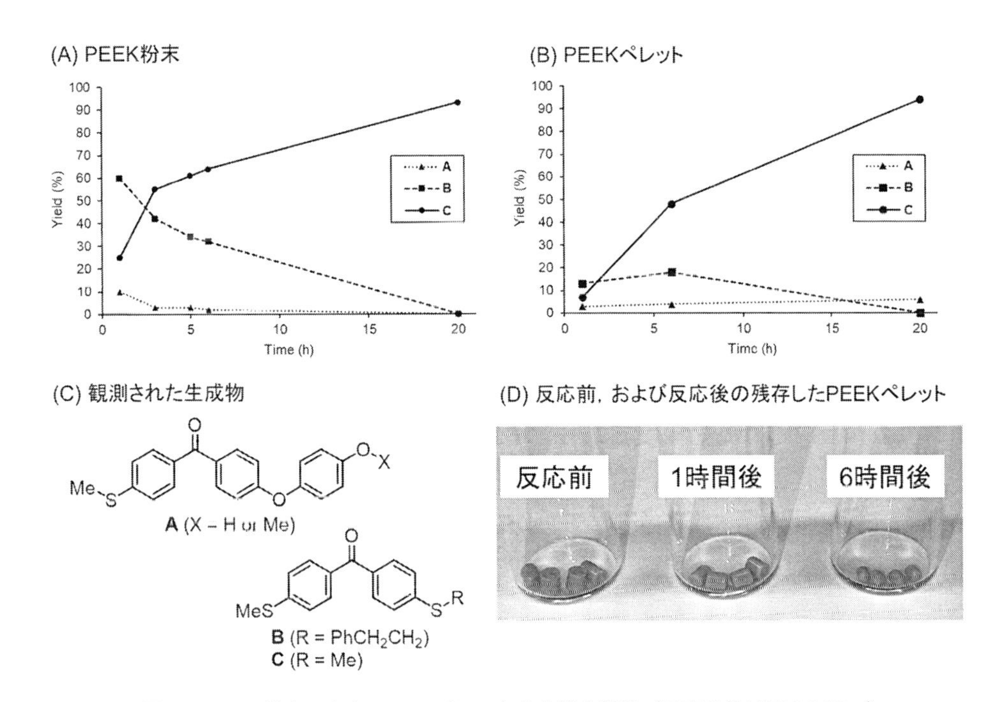

図3　PEEK粉末，またPEEKペレットの分解の推移（反応条件は図2と同一）

素材の表面積によって分解速度が影響を受けることがわかる。

以上，チオールと塩基を組み合わせることによりPEEKを分解できることがわかった。反応機構を踏まえると，触媒量の塩基を用いてもPEEKを分解できると考えた。この視点の元，フォスファゼン塩基とリン酸カリウムを触媒に用いる，チオールによるスーパーエンプラの触媒的な分解反応が進行することも見出している[12]。

4　炭素繊維強化PEEKの分解

本法はPEEKの素材に対して高い汎用性を有している。単にPEEKの形状に影響を受けないだけでなく，PEEKと炭素繊維，またはガラス繊維を複合化した混合材料にも適用できる。例えば，炭素繊維を30 wt%含む炭素繊維強化PEEK素材を細かく粉砕した後，今回開発した図2の条件を適用すると，分解生成物のベンゾフェノン誘導体とヒドロキノンを含む混合物が得られた（図4）。炭素繊維強化PEEKだけでなく，ガラス繊維強化PEEKも問題なく本法に適用できた。炭素繊維およびガラス繊維だけでなく，他のポリマーが存在していてもPEEKの選択的な分解反応を実施できる。実際に，ポリプロピレンやポリスチレン，ポリアミドなどの樹脂が存在していてもPEEKの分解反応が進行し，樹脂が存在しない場合と同等の収率で生成物が得られる。いずれの場合も，本法の役割を担うチオラートが炭素繊維や他の樹脂と反応しないことが理由であり，本来安定性に富むPEEKだけ分解反応が進行する。

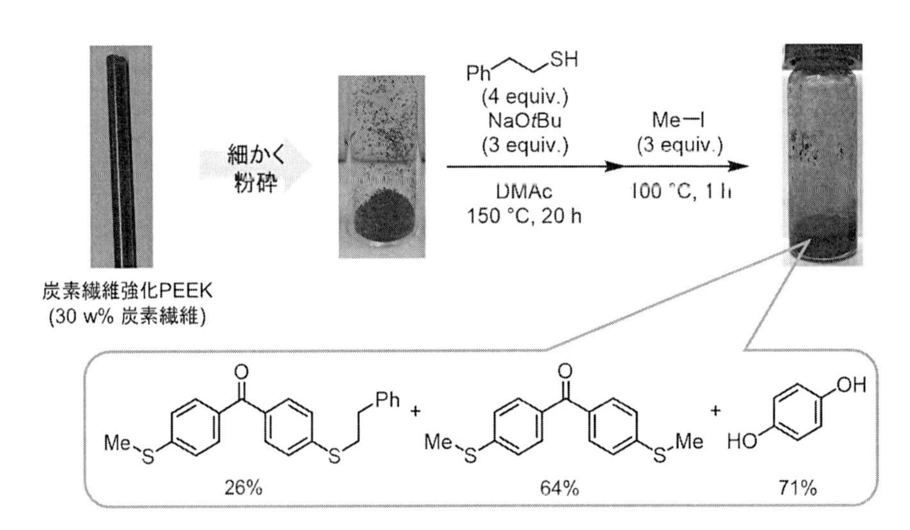

図4　炭素繊維強化PEEKのチオール分解

5　ヒドロキシ化分解

ここまでの研究により，たとえ不溶性，安定なスーパーエンプラであっても，適切な反応剤と溶媒を組み合わせることによって，十分に分解反応が進行し，主鎖構造を損傷させることなくモノマー単位まで分解した生成物を合成できることがわかった。また，PEEKで見られたようにベンゼンと酸素からなる主なスーパーエンプラは，合成の都合上主鎖に電子求引性の官能基を有している。この事実を踏まえ，PEEK分解のように，適切な条件と求核剤を設定することによりPEEK以外のさまざまなスーパーエンプラも精密に分解できると期待された。こうした着想を踏まえ，実際にチオール以外の求核剤による分解反応を検証した。ところで，ビスフェノールAやビスフェノールSなどのビスフェノール類は，ポリカーボネートやエポキシ樹脂などの原料化合物として汎用されている，有機材料の合成に不可欠な有機原料である。したがって，スーパーエンプラをビスフェノール類に分解できれば，元の樹脂へのリサイクルだけでなく，ビスフェノールを原料とするさまざまな有機材料へと転用できるため，アップサイクル性にも大きく貢献できると考えた。こうした背景のもと，ヒドロキシ基を有する求核剤を用いる分解反応を検討した[13]。

まず，ビスフェノールSの骨格を主鎖に有するポリスルホン（PSU）を用いて，樹脂分解の検討を着手した。ポリスルホンは，ジフェニルスルホンとビスフェノールAの交互共重合体であり，PEEKと同じく電子求引性のスルホニル基を主鎖内に有している。したがって，スルホニル基のパラ位炭素-酸素結合が標的主鎖結合となる。この時，入手容易であり，高い塩基性を有しヒドロキシ基を与える求核剤として水酸化アルカリに注目し，安定で高沸点の極性溶媒1,3-ジメチル-2-イミダゾリジノン（DMI）と組み合わせて使用した。この時，水酸化アルカリは，150℃で減圧乾燥（9 mmHg）を5時間行ってから使用した。水酸化ナトリウム，水酸化カリウム，また水酸化セシウム一水和物をPSUのモノマー単位当たり4当量用いて検討を行ったところ，いずれの水酸化アルカリも主鎖切断が進行し，反応溶液を塩酸で処理することにより対応する分解物，ビスフェノールSとビスフェノールA，およびこれらの中間生成物**D**，**E**が生成した（図5）。この時，水酸化セシウム一水和物用いると，最終生成物であるビスフェノールSとビスフェノールAが良い収率で得られたが，まだ**D**が多く残存していた。反応の推移の検証，また反応後の溶液を注意深く観察したところ，反応によって生じる水が反応の進行に影響することが分かった。そこで，さまざまな脱水剤を添加材に加えて分解反応を検討したところ，水素化カルシウムを加えるとビスフェノールSとビスフェノールAの収率が向上することがわかり，水酸化セシウム一水和物と組み合わせた場合に，両生成物を高収率で得ることに成功した。なお，炭素-スルホニル結合は水酸化アルカリによって切断されることが知られているが，今回の反応系ではそのような反応はまったく進行しない。

水酸化セシウム一水和物を用いて，他のスーパーエンプラのヒドロキシ化分解を検討した（図6）。ポリエーテルスルホン（PESU）は，ジフェニルスルホンを酸素で連結したスーパーエンプ

PSU pellets —conditions / DMI 150 °C, ~20 h → aq. HCl →

Bisphenol S + Bisphenol A + **D** + **E**

mOH	Bisphenol S	Bisphenol A	D	E
NaOH (4 equiv.)	12%	13%	53%	9%
KOH (4 equiv.)	17%	29%	59%	12%
CsOH·H_2O (4 equiv.)	72%	72%	24%	4%
KOH (4 equiv.) + CaH_2 (4 equiv.)	79%	79%	21%	n.d.
CsOH·H_2O (4 equiv.) + CaH_2 (4 equiv.)	96%	88%	4%	n.d.

図5　ポリスルホン（PSU）のヒドロキシ化分解

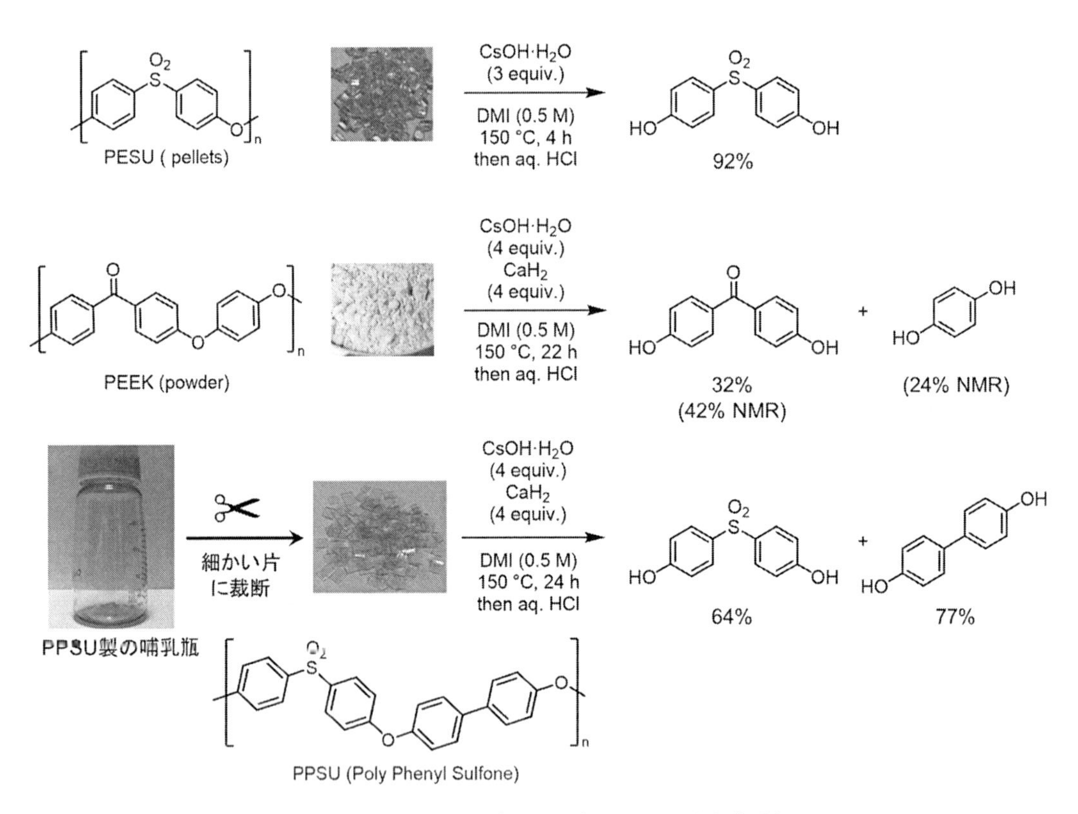

図6　いろいろなスーパーエンプラのヒドロキシ化分解

ラである。PESUのモノマー単位当たり3当量の水酸化セシウム一水和物を用いて，150℃で4時間撹拌し，塩酸処理によりビスフェノールSを高収率で得ることに成功した。PEEKの場合，PSUより反応性が低下したものの水酸化セシウム一水和物と水素化カルシウムによって分解反応が進行し，対応する4,4'-ジヒドロキシベンゾフェノンとヒドロキノンを得た。哺乳瓶の材料にスーパーエンプラのポリフェニルスルホンが採用されている。このPPSU製哺乳瓶を細かく裁断した後，水酸化セシウム一水和物と水素化カルシウムを用いて分解反応を行ったところ，ビスフェノールSと4,4'-ジヒドロキシビフェニルを得ることに成功した。以上，ヒドロキシ化分解法は，PSUだけでなくいろいろなスーパーエンプラにも適用できることがわかった。

6　PEEKのヒドロキノン解重合

上述のヒドロキシ化分解法の条件にメタノールなどのアルコールを加えると，反応系中で塩基と反応することによって高求核性アルコキシドが発生し，これがスーパーエンプラの分解に使用できることがわかった[14)]。この成果をもとに，PEEKから直接モノマーを再生する解重合を開発できると考えた。検討の結果，PEEKのモノマーであるヒドロキノンと水酸化ナトリウム，DMI溶媒を用いて150℃で加熱かくはんすると，PEEKの解重合反応が進行し，モノマーを直接形成することに成功した[15)]。このヒドロキノン法は，炭素繊維強化PEEKにも適用でき，先のモノマーと炭素繊維を含む留分に分離回収できた（図7）。本法によって得られるモノマーは，分解反応後の塩酸処理，つづくろ過の操作によって簡便に単離できる。得られたモノマーはPEEKのもう一つのモノマーである4,4'-ジフルオロベンゾフェノンと反応でき，PEEKへと再変換できる。

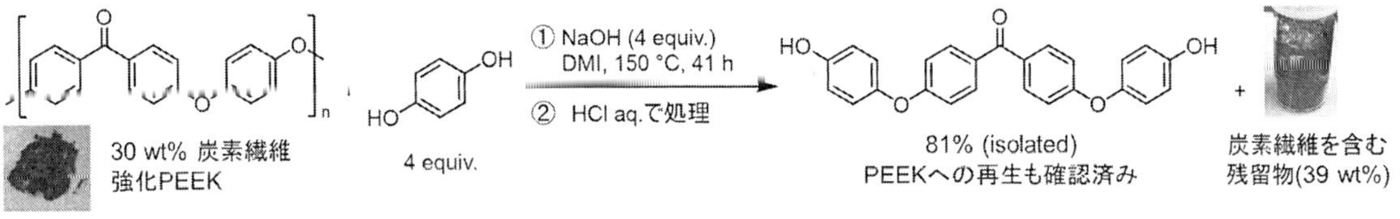

図7　PEEKのヒドロキノン解重合

7　エポキシ樹脂の化学分解

エポキシ樹脂は優れた成形性，寸法安定性，接着性能などを有する高安定熱可塑性樹脂である。炭素繊維との複合化による強度の向上など，目的に応じて多彩なエポキシ樹脂が開発されている。国内生産量は約13万トン/年であり，接着剤や塗料，半導体材料，医療機器，自動車・航空機部品，船舶の建材，風力発電機ブレードなど用途は多岐にわたる。一方，その安定性から

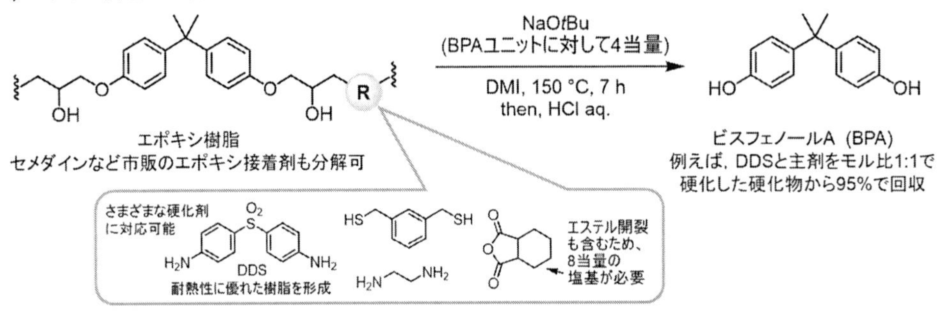

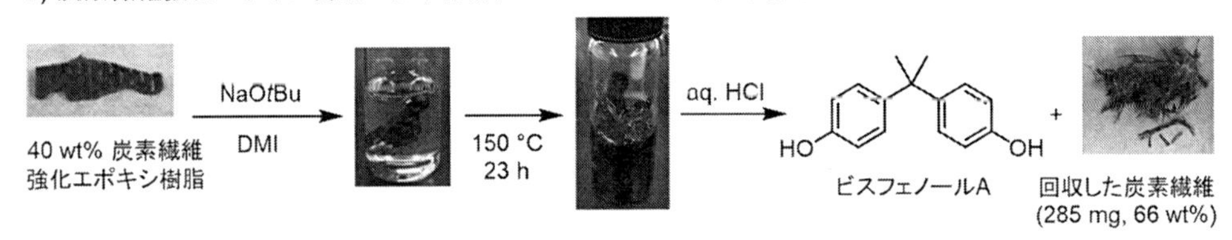

図8　エポキシ樹脂のナトリウム塩基，アミド溶媒による分解

スーパーエンプラと同様に有機原料への再生が困難であった。申請者はスーパーエンプラの解重合機構を基盤に，エポキシ樹脂を，硬化剤の種類や架橋の度合いに因らず原料のビスフェノール類へ再生する分解法の開発に挑戦した。多くのエポキシ樹脂はビスフェノールのグリシジルエーテルから合成され，2-ヒドロキシプロピルエーテル部が主鎖に存在する。このヒドロキシ基を活性化して分子内反応で主鎖切断する機構を設計した。その結果，エポキシ樹脂を水酸化ナトリウムや*tert*-ブトキシナトリウムなどの塩基とDMIなどのアミド溶媒中，常圧下150℃で7時間反応させると，収率よく分解することに成功した（図8）[16]。この方法により，エポキシ主剤の主要原料であるビスフェノールAを回収できた。期待どおり，本法は硬化剤の種類，架橋に影響を受けずに分解を進行させることがわかった。こうした硬化剤に対する適用性，および常圧条件で進行する事実は，同時期に報告された塩基を用いる耐圧容器を用いるエポキシ樹脂分解反応と異なり，高い汎用性を有する[17, 18]。反応温度は，エポキシ樹脂の熱分解温度の約350℃より低い。市販のエポキシ樹脂系接着剤，また炭素繊維またはガラス繊維で強化されたエポキシ樹脂にも適用でき，ビスフェノールの生成と繊維の回収に成功した。

8　まとめ

われわれは，PPSのベンゼンへの分解に成功したことをきっかけに，これまでに前例のなかったPEEKの分解に成功し，対応するモノマー型生成物が得られることを明らかにした。本法によって合成できるベンゾフェノン誘導体から多様な化合物を合成できるため，本法はPEEKのアップサイクル法としても期待できる。本法は，PEEKの形状を問わず利用でき，また複合材料にも対応できるため，高い汎用性がある。このPEEKの分解によって得られた知見をもとにビスフェノール類を与える新たな分解法，ヒドロキノンを用いる解重合法，さらにはエポキシ樹脂の化学分解法を開発した。

今回の成果が，PEEKやエポキシ樹脂のようなさまざまな安定樹脂の分解・解重合の開発につながると期待している。

謝辞

本研究の遂行では，下記の研究資金の援助を受けました。ここに深く感謝申し上げます。

JSTさきがけ「サステイナブル材料」(JPMJPR21N9)，野崎ERATO樹脂分解触媒プロジェクト(JPMJER2103)，科学研究費基盤研究（C）(19K05481)，TIAかけはし，藤森科学技術振興財団，池谷科学技術振興財団，戸部真紀財団，AIST-DIC冠ラボ，産総研資源循環利用技術研究ラボ並びに，本研究の遂行にあたり，多大な協力をしていただいた共同研究者の方々に厚く御礼を申し上げます。

文　献

1) プラスチック資源循環戦略：https://www.env.go.jp/press/files/jp/111747.pdf
2) I. Baxter, A. Ben-Haida, H. M. Colquhoun, P. Hodge, F. H. Kohnke, D. J. Williams, *Chem. Commun.* **1998**, 2213-2214.
3) H. Takigawa, T. Yoshii, S. Matsumi, Japanese Patent PCT WO 2008/004642 A1 (2008).
4) Z. L. Yu, G. X. Miao, Y. R. Chen, *Macromol. Chem. Phys.* **1996**, *197*, 4061-4068.
5) S. J. Wang, S. G. Bian, H. Yan, M. Xiao, Y. Z. Meng, *J. App. Poly. Sci.* **2008**, *110*, 4049-4054.
6) H. Yoshida, T. Fukunaka, Japanese Patent JP2013249324 (2013).
7) Z. Lian, B. N. Bhawal, B. Morandi, *Science* **2017**, *356*, 1059-1063.
8) 例えば，https://www.mgc.co.jp/products/ac/therplim/pdf/pdf_therplim.pdf.
9) T. Delcaillau, A. Woenckhaus-Alvarez, B. Morandi, Nickel-catalyzed cyanation of aryl thioethers. *Org. Lett.* **2021**, *23*, 7018-7022.
10) Y. Minami, N. Matsuyama, Y. Matsuo, M. Tamura, K. Sato Y. Nakajima, *Synthesis* **2021**, *53*, 3351-3354.
11) (a)Y. Minami, N. Matsuyama, Y. Takeichi, R. Watanabe, S. Mathew, Y. Nakajima, *Commun. Chem.* **2023**, *6*, 14. (b)Minami, Y.；Nakajima, Y.；Sato, K. PCT WO 023/190767 A1, 2023.
12) Y. Minami, S. Imamura, N. Matsuyama, Y. Nakajima, M. Yoshida, *Commun. Chem.* **2024**, *7*, 37.
13) Y. Minami, Y. Inagaki, T. Tsuyuki, K. Sato, Y. Nakajima, *JACS Au* **2023**, *3*, 2323-2332.

14） Y. Minami, R. Honobe, Y. Inagaki, K. Sato, M. Yoshida, *Polymer J.* **2024**, *56*, 369.
15） Y. Minami, R. Honobe, S. Tsuyuki, K. Sato, M. Yoshida, *ChemSusChem* DOI：0.1002/cssc.202401778.
16） Y. Minami, T. Tsuyuki, H. Ishikawa, Y. Shimoyama, K. Sato, M. Yoshida, *Polymer J.* DOI：10.1038/s41428-024-00979-6.
17） R. C. DiPucchio, K. R. Stevenson, C. W. Lahive, W. E. Michener, G. T. Beckham, *ACS Sustainable Chem. Eng.* **2023**, *11*, 16946.
18） S. Hongwei, A. Ahrens, G. M. F. Batista, B. S. Donslund, A. K. Ravn, E. V. Schwibinger, A. Nova, T. Skrydstrup, *Green Chem.* **2024**, *26*, 815.

第5章　二軸押出機によるPS・PMMAのケミカルリサイクル

福田瑞香*

1　緒言

プラスチックは金属に比べて比重が小さく，断熱性・絶縁性があり，可塑性による形状変化が容易などの様々な利点によって，その発見から2000年代初頭にかけて生産量は急増した。現在では日用雑貨品に限らず，自動車や家電，情報機器，医療と幅広く使用され，プラスチックは我々の生活を支える重要な材料となっている。しかしプラスチックの需要拡大とそれに伴う大量生産が進む中で，国内では年間約951万トン以上のプラスチックが生産され，約823万トンが廃棄プラスチックとなっており[1]，増加する廃棄プラスチックの焼却による大気汚染や土壌汚染，これに伴った温室効果ガスの発生，またマイクロプラスチックによる海洋汚染などの環境への影響が懸念されている。

これらの環境問題に対して，国内では2022年4月に「プラスチックに係る資源循環の促進等に関する法律」[2]が施行され，製品設計から処理にかけて社会全体で廃棄プラスチックの排出率を減らし，プラスチックの資源循環の流れを促進している。これによって廃棄プラスチック排出量の減少だけでなく，廃棄プラスチック再資源化率上昇を目的としたリサイクル技術の開発が重要視されるようになった。主な廃棄プラスチックのリサイクル方法として，廃棄プラスチックを選別，粉砕，洗浄したのちに別製品へと再形成するメカニカルリサイクル，焼却による熱エネルギーを回収・別の用途へ利用するサーマルリカバリー，化学反応によって廃棄プラスチックを分子レベルまで分解・回収を行うケミカルリサイクルがある。これらのリサイクル方法の中でもケミカルリサイクルは，樹脂が解重合によってモノマー化する際に異物が取り除かれるため原料と同等のバージンプラスチックを得ることが可能である。

このケミカルリサイクルの方法として，モノマー化，高炉原料化，ガス化，油化等がある。効率的な連続生産が可能な二軸押出機によるケミカルリサイクルでは，低圧下での熱分解によるモノマー化プロセスが可能である。図1にケミカルリサイクルフローにおける二軸押出機の位置づけを示す。

モノマー化プロセスは主に主鎖がモノマー単位で切断される「解重合」が可能な樹脂に適用される。この二軸押出機による低圧下解重合が可能な汎用樹脂として，ポリスチレン（PS）やポ

＊　Mizuka FUKUDA　㈱日本製鋼所　イノベーションマネジメント本部　先端技術研究所
成形加工グループ　研究員

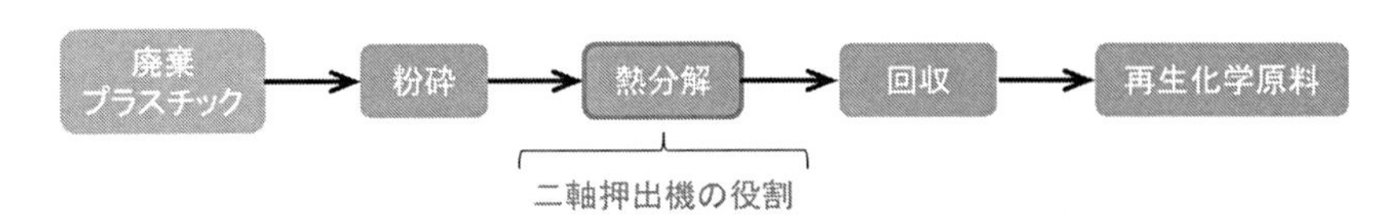

図1　ケミカルリサイクルフローにおける二軸押出機の位置づけ

リメタクリル酸メチル（PMMA）が挙げられる。これらの樹脂での二軸押出機モノマー化プロセスでは，有毒ガスや引火ガスの発生などの危険を伴うため，安全なプロセス条件が求められており，また，実際の生産では高純度モノマーの回収と収率の向上が求められる。モノマー化プロセスでは安全性と収率向上を両立したプロセス条件を導くことが重要であるが，生産前の段階で対象となる樹脂の分解挙動が予測できれば条件探索に大いに役立つと考えられ，そのためには，樹脂の分解メカニズムを詳細に知る必要がある。本節では二軸押出機による PS と PMMA の分解メカニズムについて説明する。

2　二軸押出機を用いたケミカルリサイクル

ここでは二軸押出機を用いたモノマー化プロセスに適用可能な樹脂の用途と特徴，また実際の装置構成を踏まえたリサイクルプロセスについて説明する。

2. 1　PS と PMMA の低圧下解重合によるモノマー化プロセスの特徴

PS はスチレンモノマーをバッチ式の懸濁重合または連続式の塊状重合した熱可塑性樹脂である。比重の軽さと加工の容易さ，形状再現性の高さなどの特徴があり，食品用の容器，CD・DVD ケース，文具，自動車用カバー，電化製品と幅広く使用され，ポリエチレン（PE）やポリプロピレン（PP）と共に汎用樹脂の１つである。また各国で食品包装材料としての利用が認められていることから，PS を発泡させた製品が農産物や魚介類などを輸送する梱包材に使用されている。

PMMA はメタクリル酸エステルやアクリル酸エステルを重合させたアクリル樹脂の１種であり，メタクリル酸メチル（MMA）を重合させた熱可塑性樹脂である。その透明性の高さと共に，高い耐候性，耐黄変性，加工性などの特徴から，自動車産業や航空産業，電化製品等に幅広い用途がある。PMMA の成形法には，押出機で溶融させた樹脂をローラーへ流し込んで成形する押出法と，液状モノマーを上下に重ね合わせたガラス板の間に原料を流し込んで重合させ成形するキャスト法の２種類がある。押出法では分子が数万～数十万に合成され，自動車のテールランプや方向指示器，バックライトパネル，照明部品に使用される。また耐熱温度向上のため，アクリル酸エステルと共重合しているものが一般的である（共重合物も PMMA と称する）。キャスト法は数百万以上と高分子量となり高強度で主に航空機の窓や風防ガラス，屋外の広告看板に使用される。

これらの樹脂に共通して，モノマー化プロセスが適用可能な樹脂はポリマーの末端からモノマー単位で主鎖の切断が連鎖していく「解重合」が可能であることが特徴となる[3]。熱分解反応において図2に示すように，PS は主鎖切断で発生したラジカルによる解重合が進行し，PMMA は末端から連鎖的に解重合が進行するとされている。図3に示した TG 曲線から，PS は

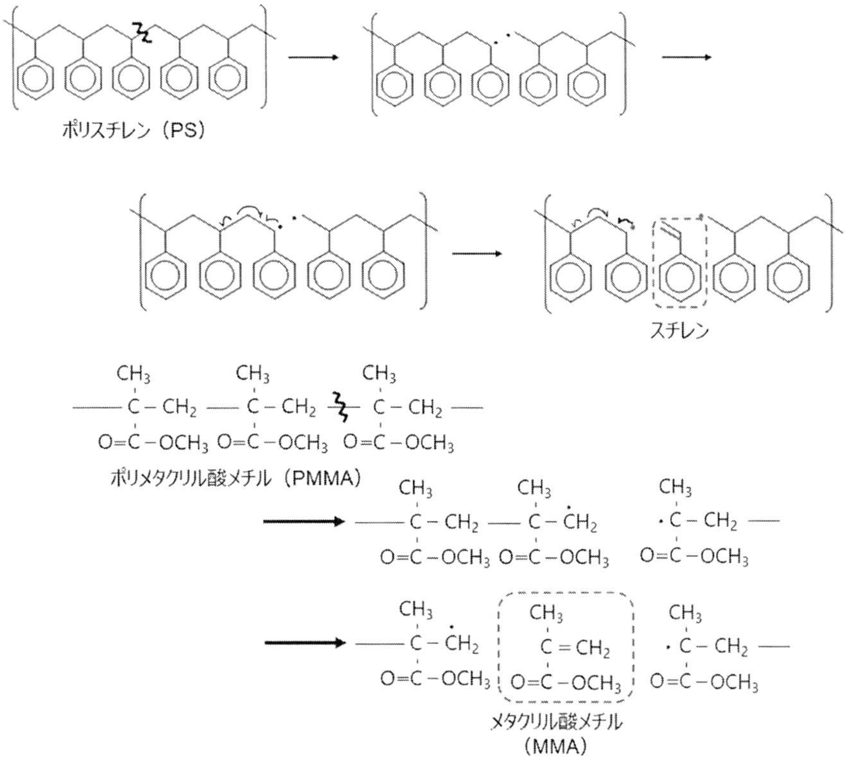

ポリスチレン（PS）

スチレン

ポリメタクリル酸メチル（PMMA）

メタクリル酸メチル（MMA）

図2　PS 及び PMMA の熱分解反応

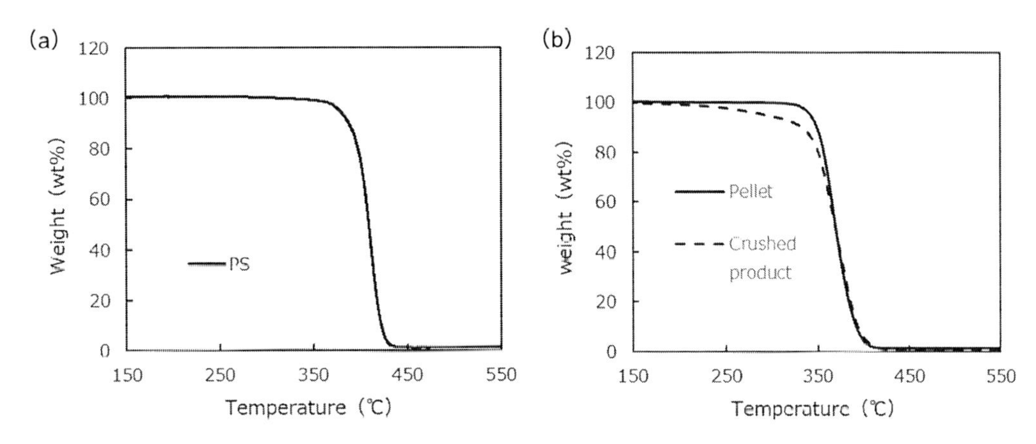

図3　(a) PS 及び (b) PMMA の TG 曲線

400℃，PMMAは350℃付近からこの反応による分解が開始する。これによってPS及びPMMAは約100％の分解率となり，PMMAは95～100％の収率でモノマーを得られるが[4)]，PSはモノマー以外にもダイマーやトリマーが発生するため収率は約70％とされている。

2．2　二軸押出機によるケミカルリサイクルプロセス

二軸押出機は連続操作が可能であり，スクリュの組み合わせによる原料全体へ高いエネルギーを付与することができ，従来のバッチ式による操作性と熱効率などの問題を解消できる。またPMMAモノマー化プロセスの安全性の観点では，分解時に得られるMMAの発火点が421℃であることから酸素が存在する場合には発火の危険性がある。しかし二軸押出機は高い気密性を有するため，酸素混入による劣化や発火が防止され，また機外への分解ガス漏れによる発火防止が可能となる。

二軸押出機によるケミカルリサイクルのプロセスを図4に示す。原料となる廃棄PSは回収後に不純物を選別機で除去したのち，破砕と洗浄の工程がある。これはPSが食品用途に使用されることが多く，油を完全に除去することで不純物による影響を少なくする。廃棄PMMAは製造時の加工くずや廃棄自動車から回収される。その多くは単一のプラスチックとして回収されるため，不純物の除去と破砕を経てリサイクル原料となる。これらの原料をフィーダーから二軸押出機内へ供給し，シリンダの溶融可塑化部で内部のスクリュ回転による圧縮とせん断，シリンダに装着したヒーター加熱によって原料を溶融・流動させる。その後，溶融可塑化部を出た原料は，シリンダ温度を400℃以上に設定した混練部に長時間滞留させることで熱分解を促進させモノマーガスが発生する。この熱分解後に発生するモノマーガスをベントまたは押出機出口から回収する。この際，生成したモノマーガスをシリンダ内で滞留させた場合，再重合が生じてダイマー

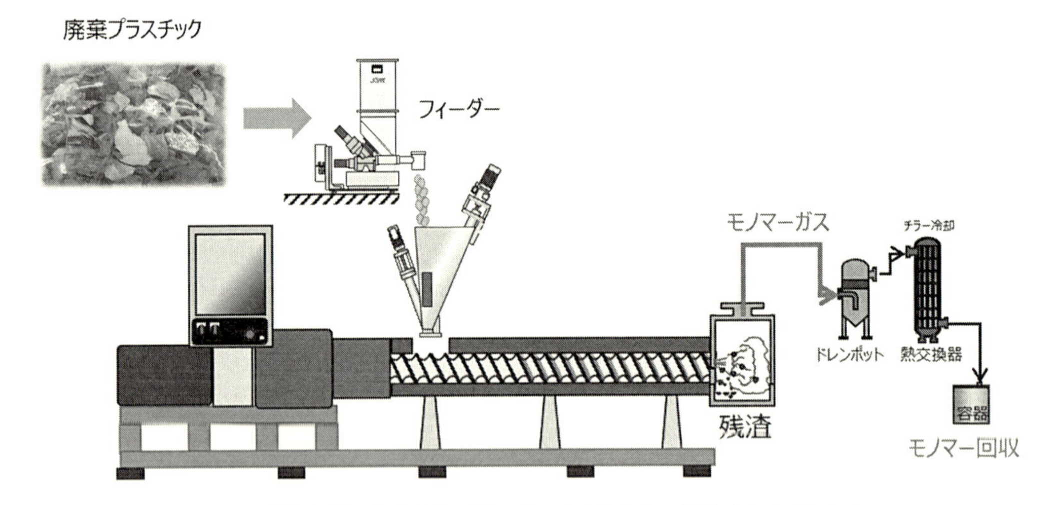

図4　二軸押出機による廃棄プラスチックのケミカルリサイクルプロセス

及びトリマーへと反応する。これを防ぐために，モノマーガスを即座に回収し，熱交換器で冷却することで最終的に液体のモノマーを得る。

3　PS 及び PMMA の分解速度解析による分解メカニズム

樹脂は製造方法によってグレードや平均分子量が異なり，その違いがモノマー化プロセスにおける分解挙動に影響すると考えられる。これを明らかにするため，数多く提案されている反応速度解析手法の中で，熱分解反応時に用いられる小沢法[5,6]によって分解速度定数を求めた。この章では，求めた分解速度定数の観点からグレードや平均分子量の違いによる分解挙動への影響と，そこから導かれる分解メカニズムついて説明する。

3. 1　PS の分解速度定数

図5に示した平均分子量が28万，30万，40万と異なる3種の PS ペレットの温度別分解速度定数 k_{PS} は，分解温度260℃では分解速度定数に僅かな差が見られたが，400℃付近では分解速度定数はほぼ同等の値である。今回使用した3種のペレットの平均分子量はそれぞれ28万，30万，40万であったが，分子量の違いに対して分解速度定数はほぼ一定のため分子量は分解速度に影響しないと考えられる。PS の熱分解反応は，熱によって主鎖が切断された後にラジカルが生成され，二重結合を生成することでスチレンが脱離する。そして，ラジカル生成と二重結合生成を繰り返しながらモノマーを脱離し，最後的には不均一化が進んで反応が停止するとされている[7]。260℃の低温範囲で分解速度定数に僅かな差が見られたのは，この温度範囲ではラジカル生成と二重結合生成を繰り返しながらモノマーを脱離する解重合が支配的であるためである。400℃以上では付与されるエネルギーの増加によって主鎖がランダムに切断されるランダム分解が支配的になる。これによってスチレンモノマーだけでなくダイマーやトリマーが発生したため分解速度が近づいたと考えられる。

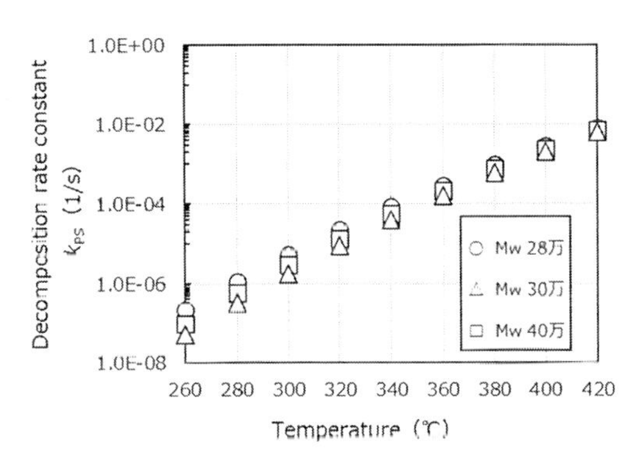

図5　各温度における PS の分解速度定数

3. 2 PMMAの分解速度定数

図6に反応速度論解析によって得られた各温度におけるPMMAの押出ペレットとキャスト板粉砕品の分解速度定数k_{PMMA}の関係を示す。ペレットとキャスト板粉砕品を比較すると，分解温度260℃の分解速度定数はキャスト板粉砕品の方が押出ペレットに比べて100倍大きな値を示したが，温度が上がるにつれてその差は確認できなかった。これは，押出ペレット製造時にメタクリル酸メチル（MMA）と共重合される数%のアクリル酸エステル（MA）の存在が影響していると考えられる。MAはMMAより解重合温度が高いため，PMMAの解重合反応を抑制している。そのため熱分解によってPMMAの末端からモノマー分解が進行した際，MMAのみを使用しているキャスト板粉砕品に対して，押出ペレットではMMAとMAの結合が切れずに分解が進行する。これによって解重合が支配的な260℃から300℃付近では押出ペレットは分解が起こりにくかったと推測される。一方，400℃以上では分解速度定数の差がなくなる。これは温度上昇に従って分子に付与されるエネルギー量が増加し，分子鎖の途中から切断されるランダム分解反応が支配的になる。ランダム分解反応では分子鎖が任意で切断されるため，260℃から300℃付近の低温領域で生じたMAによる解重合抑制を受けずに分解が進行し，両者の分解速度が近づいたと考えられる[8)]。

モノマー化プロセスにおける課題の1つとして，高純度のモノマー回収がある。分解速度定数から押出ペレット分解時には共重合されているMAが影響していることが分かった。これを踏まえ，押出ペレット分解時のMMA以外の成分発生量を確認するため，Py-GC/MSを用いて分解生成物の評価を行った。図7には各分解温度におけるMMA，MA，メタノール（MeOH）等の発生量を示す。図7からはMMAが温度上昇と共に減少するに従い，MAやその他生成物が増加していることが確認された。400℃未満ではMAの解重合促成効果によってMMAとMAの結合が切れずに分解する。しかし400℃以上ではエネルギー付加量の増加によってMMAとMAの結合が切断するとともに，高い熱エネルギーによる副反応からその他生成物が発生する。高温領域では加熱によるPMMAやMMAが変性した化合物が増加することから，これらの副生

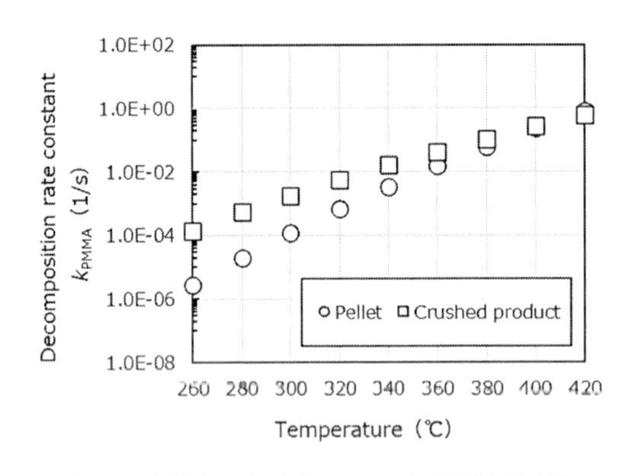

図6　各温度におけるPMMAの分解速度定数

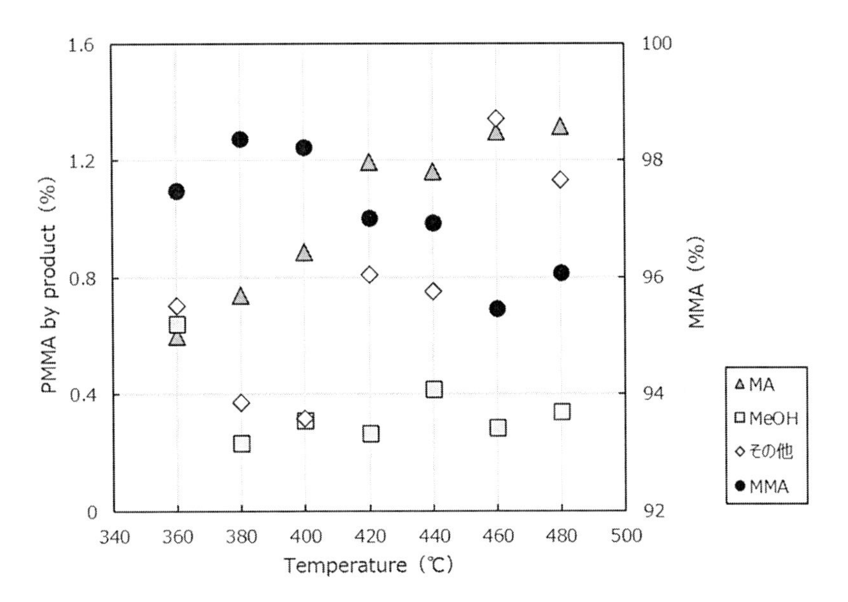

図7　押出グレード分解時のMMA以外の成分発生量

成物によってMMA回収時の純度が低下すると考えられる。

4　押出機内の分解挙動予測

これまでの分析から得られたPMMAとPSの各温度の分解率に対する分解速度定数をFAN法シミュレーションに組込み[9]，押出機内におけるPS及びPMMAの分解挙動を予測した。このシミュレーションでは原料物性とスクリュ構成，およびプロセス条件を入力し解析することで，出力結果として，押出機内での原料の滞留時間，充満率，固相率（溶融率），樹脂温度，圧力およびせん断エネルギーを予測できる。本シミュレーションには，流路メッシュの作成などの作業が不要なので，1ケースの解析時間（入力から解析完了まで）は5分程度であり，解析時間は非常に短いという利点があり，本シミュレーション技術はケミカルリサイクルへの活用が見込まれる。

表1には二軸押出機TEX（日本製鋼所製）を用いて，分子量28万のPSペレットとPMMAの押出ペレットのモノマー化プロセスを想定した押出機出口の各分解率をFAN法シミュレーションで解析した結果を示す。この結果から，投入量に対して最終的なモノマー発生率はPMMAで92%，PSで88%となった。PMMAは末端から連鎖的に解重合が進行，PSは主鎖切断で発生したラジカルによる解重合から，共に分解率は約100%となるが，そのモノマーの収率はPMMAで約95~99%，PSで約70%となる。今回のシミュレーションで導いた数値は分解時のモノマー発生量であり，収率に関してはこの発生したMMAのその後の反応によって変

表1　押出機先端部における PMMA と PS の計算結果

原料	モノマー	分解率（%）	収率（%）	発生率 (%)
PS	Styrene	100	70	88
PMMA	MMA	100	95〜100	92

化することが考えられる。そのためこれらの数値は妥当な予測が行われていると判断でき，これによって化学分析から得られた分解速度定数を用いることでモノマー化プロセスが予測できる。

5　おわりに

本稿では，二軸押出機を用いたモノマー化プロセスに適用可能な PS と PMMA に注目し，その特徴とリサイクルプロセス，および分解速度定数の観点から分解メカニズムを説明した。

廃棄プラスチック再資源化率上昇を目的としたリサイクル技術の開発が重要視される中で，プラスチックのモノマー化によってバージンと同等の品質を得るケミカルリサイクルは注目が高まり，リサイクル技術開発が活発化している。その上で，二軸押出機における樹脂の温度や圧力，分解挙動等の内部状況を把握し，収率を導くシミュレーション技術の有用性は高い。高分子の構造，挙動は複雑であり，プロセス条件によって予測結果に乖離が出るという課題があるが，これらの予測によって様々な樹脂へ対応した迅速なプロセス提案が可能になると期待している。

文　　献

1)　一般社団法人プラスチック循環利用協会：，“プラスチックリサイクルの基礎知識 2024”，p.5 (2024)
2)　経済産業省，環境省：，“プラスチックに係る資源循環の促進等に関する法律について”，p.2 (2022)
3)　吉岡敏明：，“プラスチックのケミカルリサイクル技術”，p.315-323，シーエムシー出版 (2021)
4)　R.J.Ehrig：，“プラスチックリサイクリング”，pp. 231-233, 工業調査会（1993）
5)　T. Ozawa：，“A New Method of Analyzing Thermogravimetric Data”, *Chem. Soc. Japan*, Vol. 38, p.1881 (1965)
6)　小木修：，“微分方程式で理解する反応速度論”，ぶんせき，Vol. 3, pp. 94-100 (2014)
7)　黒木健ほか：，“ポリスチレンの熱分解反応”，日本化学会誌，Vol. 6, pp. 894-901 (1977)
8)　井上良三ほか：，“ラジカル連鎖解重合反応に関する研究”，高分子化学，Vol. 14, No. 141, pp. 54-60 (1957)
9)　富山秀樹ほか：，“日本製鋼所技報”，Vol. 55, pp. 32-38 (2004)

第6章　溶媒抽出を用いた海洋プラスチックの高純度化

池永和敏*

1　はじめに

海洋プラスチック問題の報告は，1966年9月24日に東南諸島のパールアンドハーミーズ環礁に生息していた100羽のコアホウドリの死骸から，数多くの軽石，木の実や木炭の中に混じって，プラスチック製のボトルキャップや製品のかけらなどが発見されたことに始まる[1)]。その後1971年には，大西洋の熱帯から亜熱帯に広く広がるサルガッソー海のホンダワラ類（Sargassum属）の調査において，カーペンターらはアメリカ大陸付近の海面に平方キロメートルあたり平均約3500個（平均総重量290 g）のプラスチックの粒や破片が浮いていることを発見した[2)]。また，北米東沿岸域での浮遊レジンペレットの調査では，環境中のポリ塩化ビフェニール類（PCBs）が吸着していること，さらに採集した魚類や動物性プランクトンの消化管内からペレットが検出された[3)]。いわゆるプラスチックの食物連鎖問題および海洋プラスチックによる有毒物質汚染問題が50年以上も前から報告されていた。世界中がプラスチックの大量生産と大量消費をして高度成長へ向かっていた1960-70年代は，海洋汚染が深刻となった時期でもあり，その影に隠れた海洋プラスチック問題はクローズアップされなかったのであろう。

一方，海洋プラスチックのリサイクルについては，1990年頃から注目を集めていたが，海洋プラスチックのリサイクルは陸上で使用されたプラスチックのリサイクル状況とは大きく異なり，海水からの塩害，紫外線による酸化劣化や海洋生物などの異物混入が要因となり，通常の廃プラスチック選別工場では敬遠されることから，商業ベースでのリサイクル製品は殆ど存在しない。そのため回収された海洋プラスチックは一般的に焼却処分または埋立処分された。最近では，一部の啓発活動の題材や注目ターゲットとしてイベント的にリサイクルが行われている。企業発の実施例は，2019年に実施されたコカ・コーラが地中海の海岸清掃活動から入手したペットボトルを利用した300本のコカ・コーラのペットボトルを作ったキャンペーンが最初である[4)]。

廃プラスチックの一般的なリサイクルは，ケミカルリサイクルとマテリアルリサイクル（海外ではメカニカルリサイクルと呼ばれる）に大別される。ケミカルリサイクルでは，化学反応を利用したプラスチックのモノマー変換，または熱分解反応を利用した小分子変換によって，廃プラスチックが化学物質としてリサイクルされる。一方マテリアルリサイクルでは，回収された廃プラスチックは自動的に光学選別－洗浄－加熱減容されて再利用されている。ケミカルリサイクル

＊　Kazutoshi IKENAGA　崇城大学名誉教授

とは異なって，化学的な選別は全く実施されていないことから，マテリアルリサイクル品において，熱溶融できない異物については，射出成形の熱溶融した際に，物理的メッシュ濾過工程でのみ除去が実施されている。しかし，熱溶融可能な劣化部位や選別できなかった他種類のプラスチックの除去は困難である。結果的に高純度ではないマテリアルリサイクル品になるため，例えば，プラスチック総生産量の約60％を占めるポリエチレン（PE）およびポリプロピレン（PP）のマテリアルリサイクル品の需要拡大は望めないことになる。従って，高純度のマテリアルリサイクル品を生産するためには，化学的な選別過程の積極的な導入が必要であると考える。

PEおよびPPの純度測定の分野では，重水素化1,1,3-トリクロロエタンや重水素化1,2,4-トリクロロベンゼンなどに加熱溶解してNMR測定が実施されている。つまり高温状態では，耐薬品性が高いPEおよびPPも溶媒に可溶である。1967年にC. M. Hansenは，自身の博士論文においてHildebrandの物質の溶解度パラメータ（δ）の凝集エネルギー項について(1)London分散力，(2)双極子間力，(3)水素結合力の和の溶解度パラメータ（HSP値）として修正提案した[5]。

最近，筆者らは，PPの軟化点付近の沸点を持つ溶媒としてメシチレン（1,3,6-トリメチルベンゼン，沸点＝165℃）およびクメン（イソプロピルベンゼン，沸点＝153℃）が，PE及びPPの溶媒抽出に優れていることを見出した。再沈殿にアセトンを用いることで，極めて良い溶媒抽出法を提案した[6]。

本第6章では，溶媒抽出を用いた海洋プラスチックの高純度化について，具体的には，海岸に打ち上げられたPE製の漁業用ブイを用いてメシチレンおよびクメンの溶媒抽出実験（第2項），紫外線酸化劣化部位の除去の可能性（第3項），および溶媒抽出されたPEの物性評価（第4項）について紹介したい。

2　漁業用PE製ブイの溶媒抽出実験

一般的に漁業用の浮きブイは，養殖網などを浮遊するために使用されている。基本的に再使用されるので，台風や暴風により繋ぎ止めていた紐が切れて海洋プラスチックになることが多い。強い耐候性で頑丈な浮きブイの必要性から材質が木，発泡ポリスチレンさらにはPEへ移行している。

筆者らは，海岸に打ち上げられた海洋プラスチックの漁業用PE製ブイをいくつか採取した。その中で佐賀県唐津市の波戸岬海水浴場から採取したPE製ブイ（オレンジ色）のサンプルの略称をPEB-01とした。さらに熊本県上天草市姫浦海岸から採取した黒色ブイをPEB-02とした（図1）。

ドリルで穴を開けてサンプルを切り出して表面と裏面のFT-IR測定結果を実施したところ，サンプルの表面側では酸化劣化で生じるOH基とC＝O基の特性吸収帯が観測された（図2）。それらのサンプルを用いて溶媒抽出実験を実施した。綿製の袋に入れた4.01 gのPEB-01と350 gのメシチレンを1 Lの三ツ口フラスコに入れて165℃で1時間加熱還流した。沸騰が治

図１　海洋プラスチックとして打ち上げられた漁業用ブイの採取状況

(a)PEB-01：佐賀県唐津市波戸岬海水浴場から採取したオレンジ色のPE製ブイ，(b)PEB-02：熊本県上天草市姫浦海岸から採取した黒色のPE製ブイ

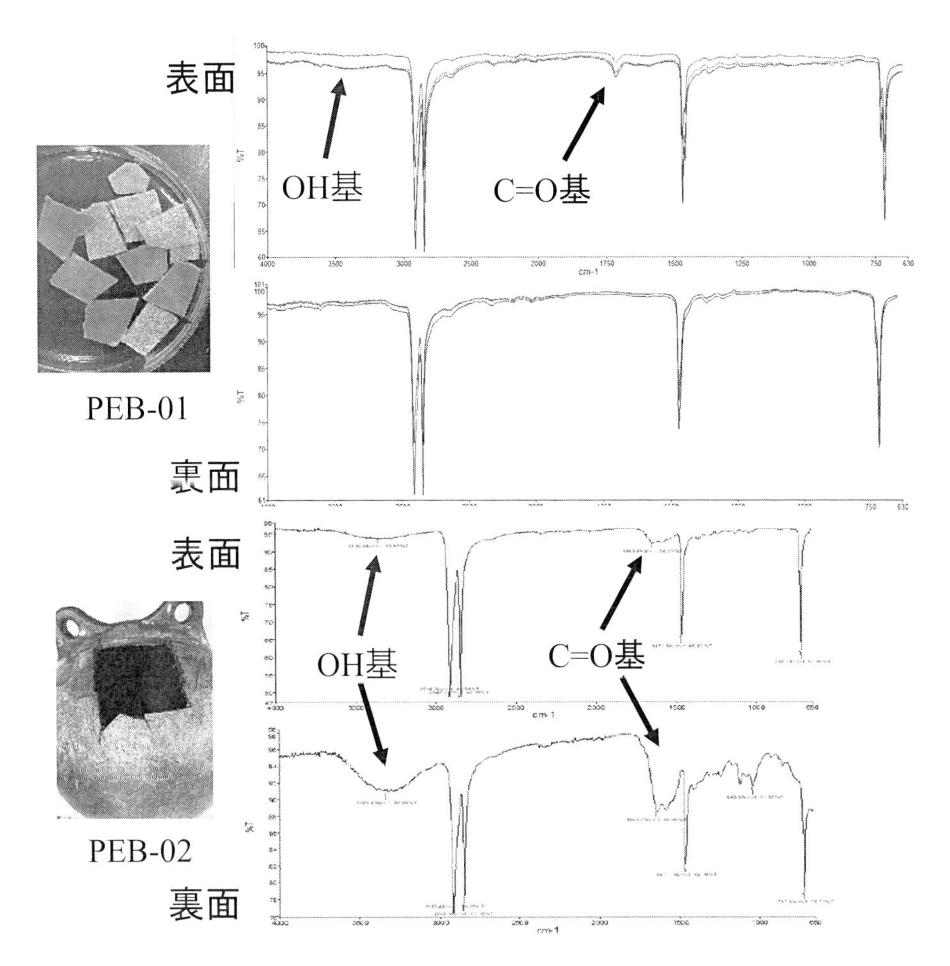

図２　ブイの表面と裏面のFT-IR測定結果

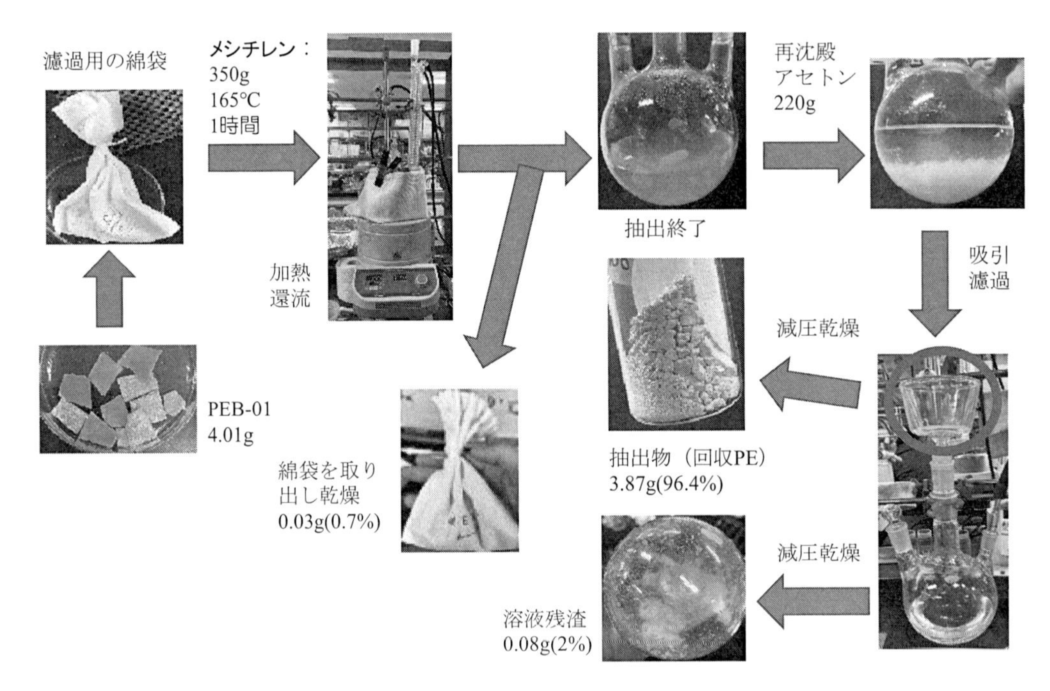

図3　メシチレンを用いたPEB-01の溶媒抽出実験

まってから綿袋を取り出し，溶液へ220 gのアセトンを加えて室温まで冷却した。析出物を吸引ろ過により濾別した。溶液の減圧蒸留から残渣を得た。減圧乾燥して取り出した綿袋の中の残渣，溶液残渣および析出物の重量は，それぞれ0.03 g（0.7%），0.08 g（2%）および3.87 g（96.4%）であることが分かった（図3）。一方，PEB-02を用いた抽出実験の析出物の平均回収率は73.9%であった。

3　紫外線酸化劣化部位の除去

PEは発泡ポリスチレンよりも硬質であるが，紫外線には弱く酸化を伴った劣化により主鎖の炭素－炭素結合が開裂することはよく知られている（図4）。酸化劣化の第1段階として紫外線による主鎖の炭素－水素結合のラジカル開裂から炭素ラジカルが発生する。そのラジカルと酸素分子が反応してパーオキシラジカルが生成する。他の主鎖の水素と反応して，OHラジカルを生成しながらC-Oラジカル（R-01）が発生する。R-01は主に3種類のルートのラジカル移動が生じ易いので，最終的には，すべてのルートで主鎖の炭素－炭素結合が開裂する[7]。酸化劣化では，結果的に分子量が低下してPEの機械的強度が低下すること，OH基およびC=O基が付与されることから，分子配列にひずみが生じる。また，PE主鎖の絡まりが悪くなることなど，通常のPEの物性から大きく変化する。そのため日光に暴露されたPEは，もろくなり，PE製

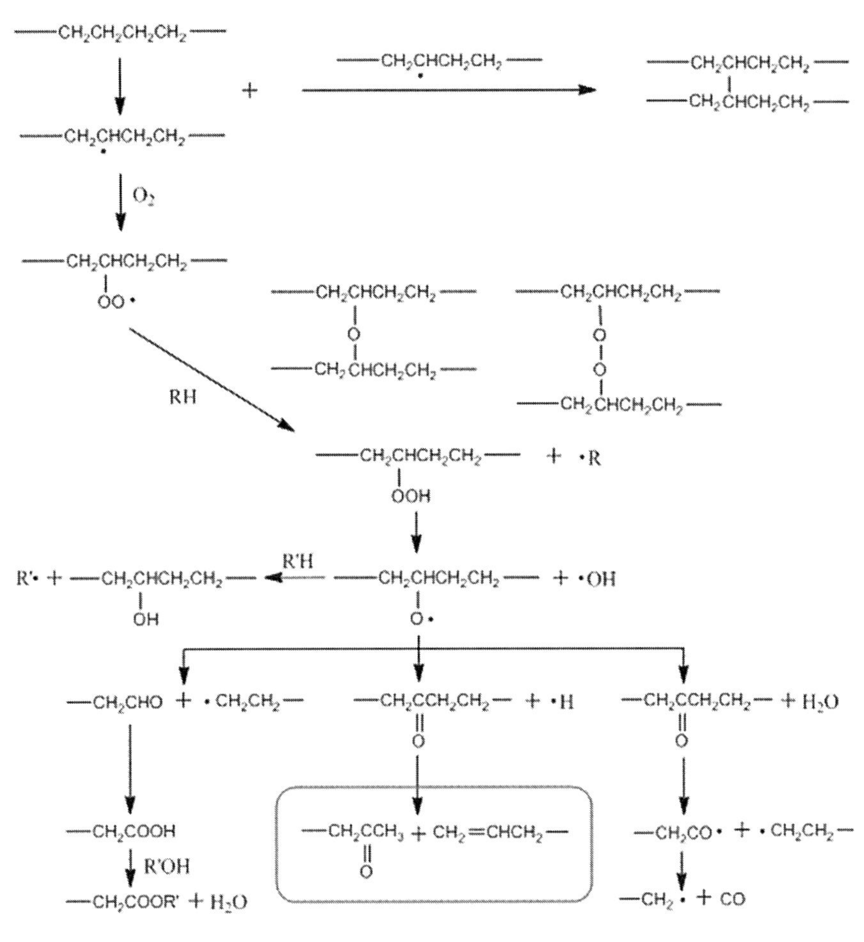

図4　ポリエチレンの酸化劣化機構

ロープなどは，粉状に切れたりする。すなわち，物性が大きく異なる酸化劣化部位が混入したPEのマテリアルリサイクル品では，単独や多量に使用した製品を作ることができない。そのため，酸化劣化を含む回収PEは一般的には，選別されて焼却処分になることが多い。

2項で述べたPEB-01およびPEB-02の溶媒抽出実験から得られた溶液残渣および抽出物のFT-IR測定を比較したところ，いずれの場合も，抽出物にはOH基およびC=O基の特性吸収帯は，ほとんど確認できなかった。一方，溶媒残渣にはOH基およびC=O基の特性吸収帯がはっきり存在することから，PE製ブイの酸化劣化部位はメシチレン－アセトンを使用した溶媒抽出－再沈殿によって，選択的に分離できたことが確認された（図5）。

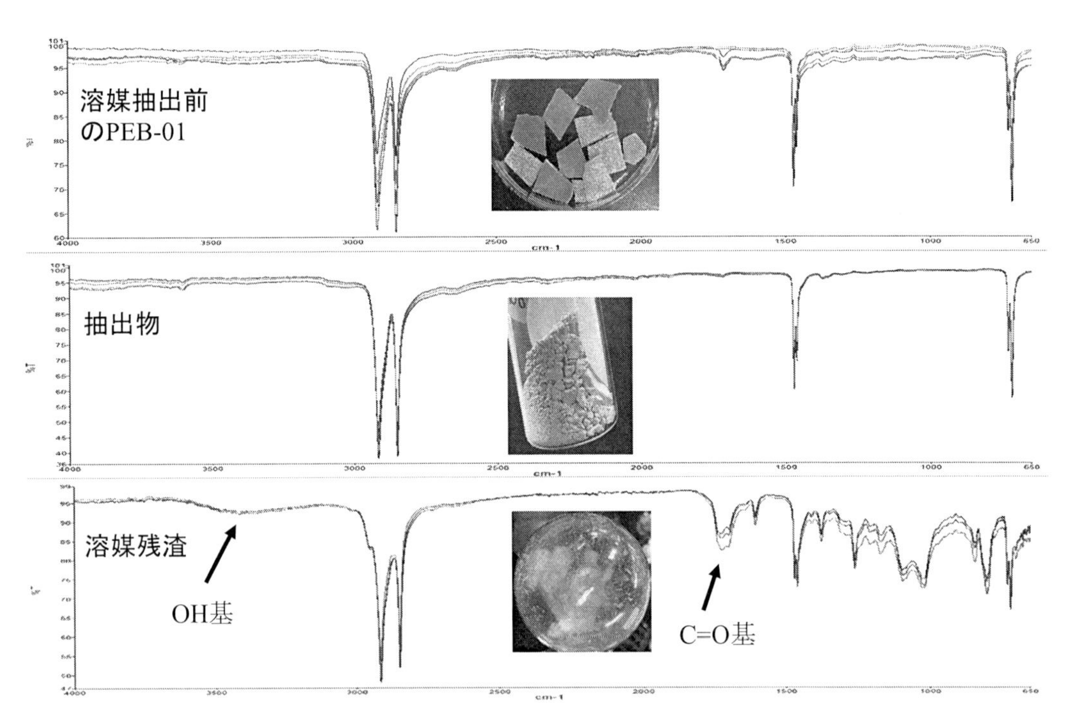

図5　PEB-01の溶媒抽出実験から得られた回収物のFT-IR測定

4　溶媒抽出によって回収されたPEの物性評価

引張強度試験のためPEB-01の析出物を用いて圧熱シートを作製したところ，ガイドシート上に溶解付着して1枚のシートとして製膜できなかった。そこで，PEB-02を用いたところ，圧熱シート作製が可能であったので，引張強度試験および高温GPCを用いる平均分子量と分子量分布の測定を実施した[8]。

作製したシートより試験片をダンベルで7本打ち抜き，引張強度試験を実施した。7つの測定値の上下を削除して5つの測定結果から，降伏応力，破断伸度，引張破壊応力およびヤング率

表1　PEB-02の抽出物の引張強度試験

	PEB-02	文献値[9]	文献値[10]	一般的範囲
降伏応力 (MPa)	20.8	15.0	12.6	11-43 平均値：26.2
破断伸度 (%)	1563	600-670	–	3.2-2230 平均値：580
引張破壊応力 (MPa)	24.3	21-22	20.7	7.6-43.0 平均値：22.1
ヤング率 (MPa)	209	640	–	483-1450 平均値：970

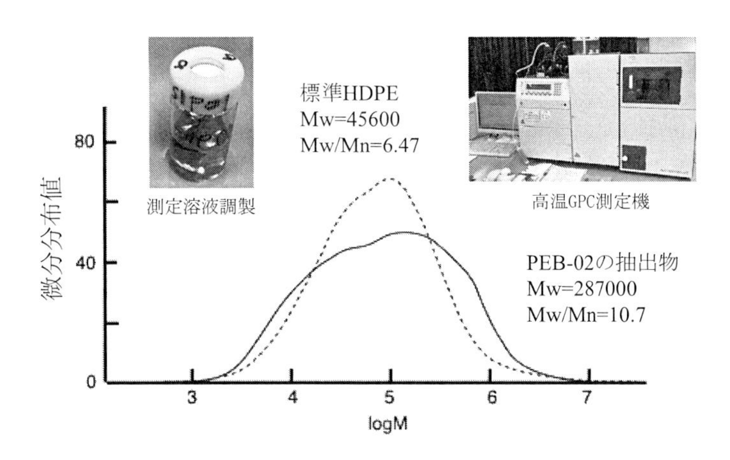

図6　PEB-02の抽出物と標準HDPEの分子量分布曲線

の平均値を得た（表1)。ヤング率の値は文献値や一般的なHDPEと比較して低い結果となった。一方，高温GPC測定より平均分子量は大きく，分子量分布が広いPEであることが分かったことから（図6)，紫外線の酸化劣化が原因ではなく，漁業用ブイの原料として表1の物性を持ったHDPEが使用されていたと考えられた。

溶媒抽出法で回収されたPEB-02の析出物のPEは，引張強度試験および高温GPC測定の結果から，高いヤング率を必要としない漁業用のPE製ブイなどへ再使用可能な物性を持っていることが分かった。つまり，溶媒抽出法を用いて酸化劣化部位を除去すれば，漁業用PE製ブイから漁業用PE製ブイへ水平リサイクルの可能性が示唆された。なお，本溶媒抽出法を用いた水平リサイクルについては，ケミカルを含んだ新しいマテリアルリサイクルと考えることができる。

5　まとめと今後の展望

本第6章において，メシチレンを使用した溶媒抽出法が海洋プラスチックの高純度化について，極めて有効であることを，回収されたPEの引張強度試験および高温GPC測定から示すことができた。この方法は，有用で簡易的なPEの高純度化の方法であると共に，引火性のBTX試薬の使用，濾過および乾燥が必要な高コストの方法である。しかし，ターゲットである廃プラスチックについて，通常のリサイクル方法が使用できない海洋プラスチックや衛生的に取り扱いが困難な廃プラスチック，例えば，使用済みディスポマスク（PP成分：約90%，PE成分：約10%）などへの適用であれば[11]，メシチレンを使用した溶媒抽出法が活躍可能かもしれない。

今後，本メシチレンを使用した溶媒抽出法が廃PEおよびPPの実用化リサイクル技術に適用されて，廃プラスチックのケミカルを含む新しいマテリアルリサイクルが益々発展することを願っている。

謝辞

本研究の一部は，2022年度崇城大学交換留学生制度でのペトロナス工科大学（マレーシア）のインターンシップ型留学生のSTUDENT INDUSTRIAL PROJECTの研究内容である。研究遂行に対して，留学生のIly Asilah Binti Ibrahimさん，指導教官のJun Wei Lim博士へ深く感謝申し上げます。共同研究者の緒方達也さん，草壁克己教授（崇城大学工学部ナノサイエンス学科）へ感謝します。福岡大学工学部化学システム工学科八尾滋教授（現：同大研究推進部 特命研究教授）には，4項の物性測定協力に対して感謝申し上げます。本研究の一部は，科研費基盤研究C「HSPに基づくプラスチックの溶媒溶解法を用いた廃棄・海洋プラスチックの高純度化」(課題番号：22K12452) の支援において遂行されました。重ねて感謝申し上げます。

文　献

1) K. Kenyon, E. Kridler, Laysan Albatrosses Swallow Indigestible Matter, *Auk*, **86** (2), 339-343 (1969)

2) E. J. Carpenter, K. L. Smith, Jr., Plastics on the Sargasso Sea Surface, *Science*,**175**, 1240-1241 (1972)

3) E. J. Carpenter *et al.,* H. P. Miklas, B. Peck, Polystyrene spherules in coastal waters, *Science*, **178**, 749-750 (1975)

4) https://www.businessinsider.jp/article/201024/；https://youtu.be/QKbZOQX8Mkc；https://www.coca-cola.com/eu/en/media-center/introducing-a-world-first-a-coke-bottle-made-with-plastic-from-the-sea

5) C. M. Hansen, Hansen Solubility Parameters, CRS Press (2000)；山本秀樹，Hansen溶解度パラメータを用いた相溶性の評価およびHansen溶解球法の適用事例，えねるみくす，第98巻，665-669 (2019)

6) 池永和敏ほか，劣化したポリエチレンおよびポリプロピレンの精製と純度測定，第71回高分子討論会，3U11，札幌 (2022)

7) Y. Wang *et al.,* A Review of Degradation and Life Prediction of Polyethylene, *Applied Sciences*, **13**, 3045 (2023)；㈱UBE科学分析センターHP：https://www.ube.co.jp/usal/documents/c004_141.htm.

8) 測定は，福岡大学工学部化学システム工学科八尾滋研究室保有の以下の機器を用いて実施された。引張強度試験：東京衡機試験機製 小型卓上試験機（LSC-02/30-2)，高温GPC測定：東ソー・テクノシステム株式会社製高温GPC測定機（HLC-8321GPC/HT，溶離液：0.05 wt%の3,5-ビス(*tert*-ブチル)-4-ヒドロキシトルエンを含む1,2,4-トリクロロベンゼン，140℃).

9) D. S. Achilias *et al.,* Recycling of polymers from plastic packaging materials using the dissolution-reprecipitation technique, *Polyer Bulletin*, **63**, 449-465 (2009)

10) S. Tesfaw *et al.,* Evaluation of tensile and flexural strength properties of virgin and recycled high-density polyethylene (HDPE) for pipe fitting application, Materials Today, *Proceedings*, **62**, 3103-3113 (2022)

11) 池永和敏，不織布マスクのプラスチック部分の溶媒抽出精製技術，プラスチックス，日本工業出版，第74巻，第10号，5-9 (2023)

第7章　マイクロ波加熱によるプラスチックの分解技術

神岡　純*

1　はじめに

プラスチック材料は軽くて丈夫な材料であり，生活・産業のあらゆる場面で利用されている。しかしながら，近年，プラスチックの処理が適切に行われないことによる海洋プラスチック問題や，処理の際に生じる二酸化炭素による環境への影響が解決すべき社会課題となっている。これらの課題を解決する一つの方法として，マイクロ波加熱技術を用いて高効率なプラスチックのケミカルリサイクルに適用することを提案する。従来のマイクロ波加熱の動向と，これまでに実施してきた効率的にマイクロ波加熱を行う「マイクロ波制御方式」に関する実証実験について紹介する。

2　マイクロ波加熱の原理

2.1　マイクロ波加熱

現在，プラスチックのリサイクルには，主に外部加熱と呼ばれる方式が用いられている。外部加熱では，被加熱物を炉に入れ，外側から化石燃料を燃焼させる等により熱を発生させることで炉自体を加熱する。この手法では，炉全体を温める必要があるためエネルギー効率が低く，化石燃料を燃焼させる際に二酸化炭素を排出してしまうという課題がある。この課題を解決するために，マイクロ波加熱が提案されてきた。マイクロ波とは電磁波のうち周波数0.1-100 GHz程度のものを指し，レーダや通信，電子レンジなど幅広い用途で用いられている。電子レンジに代表されるマイクロ波加熱は電磁波のエネルギーが熱エネルギーに変換されることで物質の内部から加熱することができ，効率良く迅速な加熱ができるという特長がある。産業界においても，食品乾燥や印刷物のインク乾燥など，乾燥の手段として実用化され市場に導入されている[1]。また，化学反応の一部では，加熱源としてマイクロ波を用いることで収率が改善することが知られており，そういった化学反応のマイクロ波効果を利用した製品も存在する[2]。近年では硬い複合材料であり再利用・再資源化が難しかったGFRPを加圧マイクロ波反応により分解・再資源化できるようにする研究や[3]，廃プラスチックにマイクロ波を照射することで水素とカーボンナノチューブに分解するという研究も行われている[4]。マイクロ波加熱を用いた化学反応により，プ

* Jun KAMIOKA　三菱電機㈱　情報技術総合研究所　マイクロ波技術部　増幅器グループ　主席研究員

ラスチックリサイクルの低コスト化やこれまでに分解が難しかった材料のリサイクルの実現が期待される。

従来のマイクロ波加熱では，マグネトロンなどのマイクロ波源から放射したマイクロ波を炉内で共振させることで加熱を実現している。ここでは，従来のマイクロ波加熱よりもさらに効率のよい加熱を実現する方法として，マイクロ波制御方式を提案する。マイクロ波制御方式とは複数のマイクロ波源を用い，それらから炉に入力されるマイクロ波を空間合成して加熱する手法である。各マイクロ波源の位相を制御することによって，加熱炉内におけるマイクロ波の電磁界強度分布を制御することができる。これにより，例えば加熱対象のみをエネルギーの無駄なく局所的に加熱する「局所加熱」や，大きな加熱対象を偏らず均一に加熱する「均一加熱」が可能となる。加熱対象に合わせて最適なマイクロ波照射を行うことで，加熱効率を向上することができる。この技術はレーダや通信においてはアクティブフェーズドアレイアンテナと呼ばれ，アンテナ面を物理的に動かさずとも様々な方向へ複雑なビームフォーミングを行う技術が確立されており，これをマイクロ波加熱に応用する。表1にマイクロ波加熱方式の比較を示す。マイクロ波加熱を用いることで CO_2 を排出せずに外部加熱よりも高い加熱効率を実現することができるが，マイクロ波制御方式を適用することでより柔軟な加熱を実現し，加熱ムラを低減するなどによりマイクロ波加熱の加熱効率をさらに高めることができる。マイクロ波制御方式においては空間電力合成を実現する必要があるため，マイクロ波源には高い周波数安定度や位相コヒーレンスが求められる。従来のマイクロ波加熱にはマグネトロンを代表とする電子管が用いられていたが，マイクロ波制御方式においては半導体マイクロ波増幅器が適しているといえる。マイクロ波加熱で

表1　マイクロ波加熱方式の比較

	外部加熱 (従来方式)	マイクロ波加熱 (従来方式)	マイクロ波 制御方式
加熱の イメージ図	化石燃料の燃焼 被加熱物	マイクロ波源 被加熱物	複数のマイクロ波源 被加熱物
加熱効率	悪い (容器が温まる)	良い	非常に良い
加熱制御	不可 (内側が温まりにくい)	不可 (加熱ムラが生じる)	局所加熱・均一加熱など 制御可能
CO_2 排出	あり	なし	なし

はレーダ・通信と比較して大電力のマイクロ波源が必要であり，高出力な半導体マイクロ波増幅器の開発についても課題となる。次項では高出力なGaN（窒化ガリウム，Gallium Nitride）増幅器について説明する。

2．2　GaN増幅器

マイクロ波制御方式によるマイクロ波加熱に用いる半導体マイクロ波増幅器として有望なGaN増幅器について紹介する。半導体マイクロ波増幅器には，通信向けではSiやGaAsといった材料も多く用いられる。各半導体材料には長所・短所があり，求める特性によって使い分けられている。表２にマイクロ波増幅器に用いられる半導体材料の物性を示す。GaNの最も大きな特長はバンドギャップが大きいことであり，高い耐電圧を有する。そのため，増幅器としては高出力電力・高効率な増幅器特性を得ることができる。

図１に増幅器の出力電力と周波数のトレンドイメージを示す。GaN増幅器はSiやGaAsを用いた増幅器と比較して高い出力電力を実現でき，大電力が必要なマイクロ波加熱に適している。マイクロ波加熱に用いることができる周波数帯は，工業・化学・医療の目的に使用することができると定められたISMバンド（Industrial, Scientific and Medical radio band）とよばれる周波数帯である。マイクロ波加熱では，主に電子レンジでも用いられている2.4 GHz帯が採用されており，この周波数においてGaN増幅器が有望であるといえる。一方，GaN増幅器のコス

表２　マイクロ波増幅器に用いられる半導体材料の物性[5)]

	半導体材料		
特性	Si	GaAs	GaN
バンドギャップ［eV］	1.1	1.42	3.49
飽和電子速度［cm^2/Vs］	1500	8500	2000
電子移動度［cm^2/Vs］	1	1.3	2.5
熱伝導率［Wcm/K］	1.5	0.5	1.5

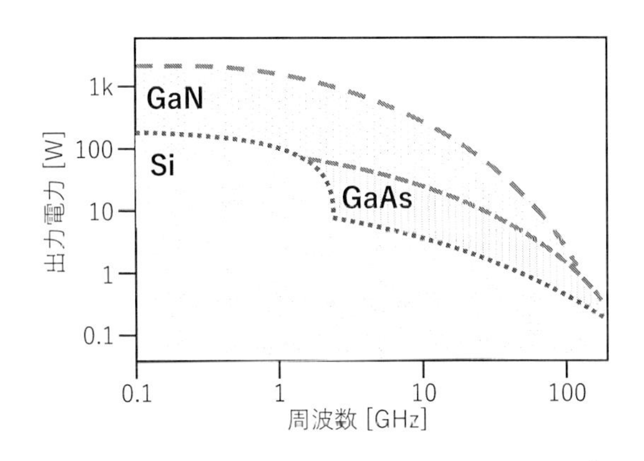

図１　増幅器の出力電力と周波数のトレンドイメージ

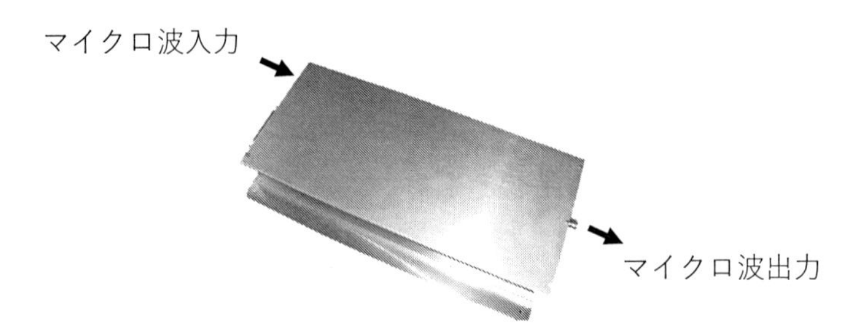

図2　GaN-on-Siデバイスを用いた増幅器モジュールの写真

トは年々下がっているものの，安価なマグネトロンと比較するとまだ高い。GaN増幅器としては基板材料にSiCを用いたもの（GaN-on-SiC）が主流であるが，基板材料に安価なSiを用いる（GaN-on-Si）ことで低コスト化を狙ったものも用いられている。高出力・高効率と低コストを実現するために，500 W超の高出力電力・高効率なGaN-on-Siデバイスを用いた増幅器モジュール（図2）の開発を行い，次章以降で説明するマイクロ波加熱の実験に用いている[6)]。

3　マイクロ波制御方式によるマイクロ波加熱の実証実験

前章までで，マイクロ波制御方式を用いることで，加熱炉内の一部を集中して加熱する「局所加熱」や，加熱炉内全体を均一に加熱する「均一加熱」が実現でき，これらを用いることで従来よりも効率的なマイクロ波加熱が実現できることについて説明した。本章では「局所加熱」,「均一加熱」の実用化に向けた実証実験の例について，それぞれ説明する。

3. 1　局所加熱に関する実証実験[7)]

マイクロ波制御方式による局所加熱に関する実証実験例について説明する。局所加熱では，炉内の狙った場所の電磁界強度を高くする必要がある。本実証実験においては，複数のマイクロ波源を位相制御し，小型実験炉内の電磁界強度分布の制御性を確認した。図3に小型加熱炉の局所加熱の実証実験系を示す。半導体方式の信号源からマイクロ波を3分岐し，それぞれ移相器で位相を制御したのち増幅器モジュールで増幅し，小型加熱炉の3つのマイクロ波導入口からマイクロ波信号を照射できるようになっている。小型加熱炉には3つ窓がついており，内部に入れたマイクロ波センサ（電波ほたる）を確認できるようになっている。電波ほたるはマイクロ波の電界強度が強い箇所に反応して発光するため，マイクロ波制御によって局所加熱される箇所を可視化することができる。移相器の設定1は小型加熱炉内の左側を（図3(a)），設定2は中央を（図3(b)），設定3は右側を局所加熱する場合の設定例である。図4に小型加熱炉内の局所加熱実験結果を示す。設定1，2，3では，それぞれ小型加熱炉内の左，中央，右だけを光らせることができていることがわかる。マイクロ波制御方式によって，小型加熱炉内における電界強度

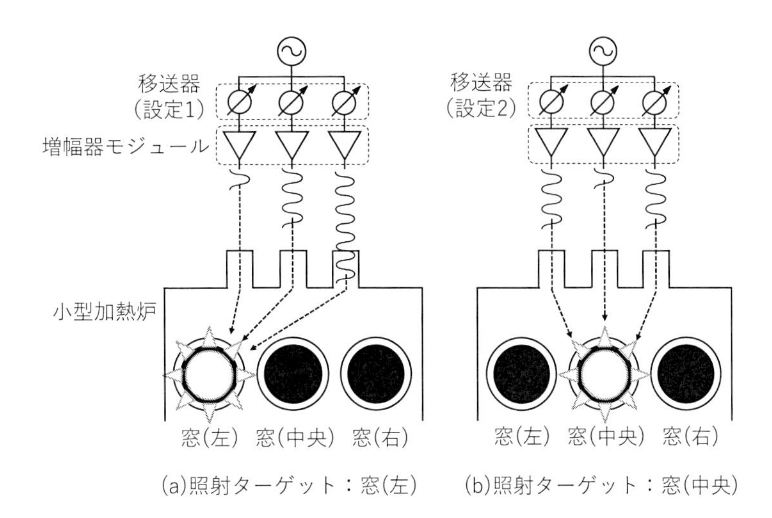

図３　小型加熱炉の局所加熱の実証実験系

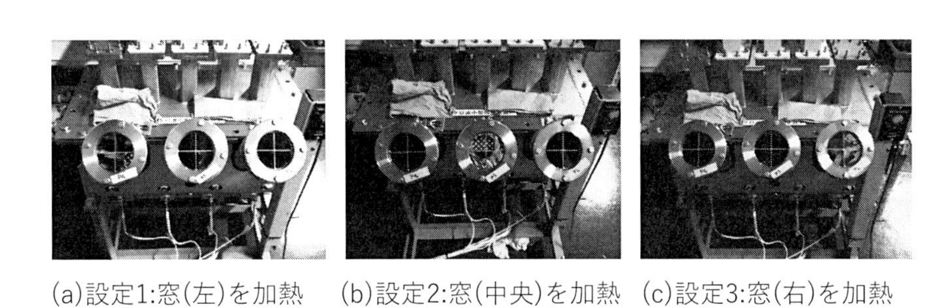

図４　小型加熱炉内の局所加熱実験結果

分布を制御し局所加熱ができることについて実証できた。

3．2　均一加熱に関する実証実験[8)]

均一加熱に関する実証実験例について紹介する。図５に小型加熱炉内の均一加熱の実証実験系，図６に小型加熱炉の均一加熱の実験系の写真をそれぞれ示す。小型加熱炉の上部には５つの導波管があり，それぞれマイクロ波を導入できるようになっている。小型加熱炉の底には被加熱物が配置されており，マイクロ波によって加熱をすることができる。小型加熱炉の上部に蓋がついている。マイクロ波印加時には図５(a)のように蓋をすることでマイクロ波が漏洩しないようにし，観察時には図５(b)のように蓋を外すことでのぞき窓となりサーモビューアで内部を観測できるようになっている。サーモビューアでは，図５(b)の観察範囲で示される被加熱物の半分程度の範囲の熱分布を測定することができる。この測定系を用いて，５つのマイクロ波の位相制御なし（すべてのマイクロ波の位相が同相），および位相制御あり（均一に加熱できるように各マイクロ波の位相を最適化）の２条件において加熱し，温度の測定を行った。図７にサーモ

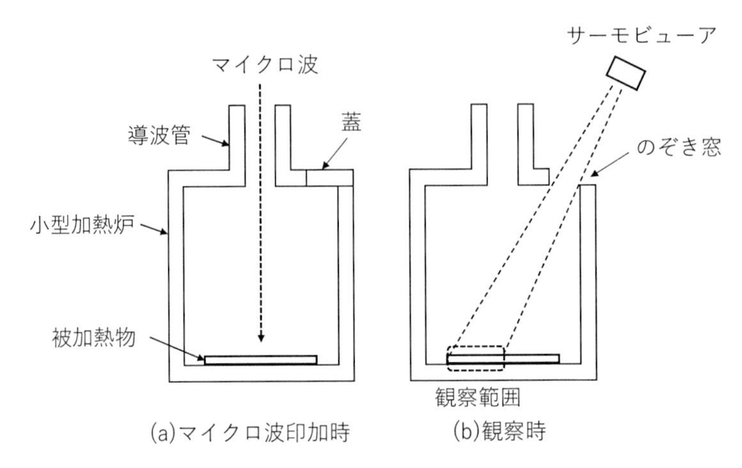

図5　小型加熱炉内の均一加熱の実証実験系

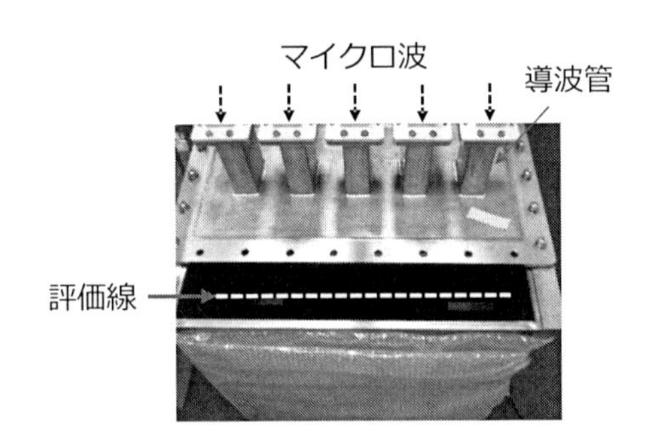

図6　小型加熱炉の均一加熱の実験系の写真

ビューアによる被加熱物温度測定結果を示す。(a)位相制御なしの場合，よく加熱できている色の濃い部分とあまり加熱できていない色の薄い部分にムラができていることが確認できる。一方，(b)位相制御ありの場合，よく加熱できている色の濃い部分が加熱物全体により広く観察できている。この結果は，位相制御を行うことによって加熱ムラを小さくできていることを示している。図8に被加熱物の温度分布測定結果を示す。これは図7中の点線で示される評価線に沿った温度分布測定結果をグラフ化したものである。実線で示されている位相制御なしの場合，平均温度が39℃，最低温度27℃，最高温度48℃であり，最低温度と最高温度の差が21℃であった。点線で示されている位相制御ありの場合，平均温度45℃，最低温度41℃，最高温度49℃と，最低温度と最高温度の差が8℃であった。位相制御による均一加熱によって温度ばらつきを21℃から8℃と半分以下に低減することができ，マイクロ波制御方式による均一加熱の効果を確認することができた。

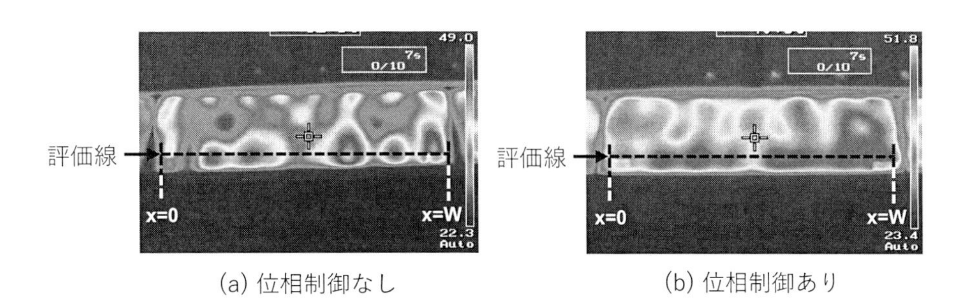

(a) 位相制御なし　(b) 位相制御あり

図7　サーモビューアによる被加熱物温度測定結果

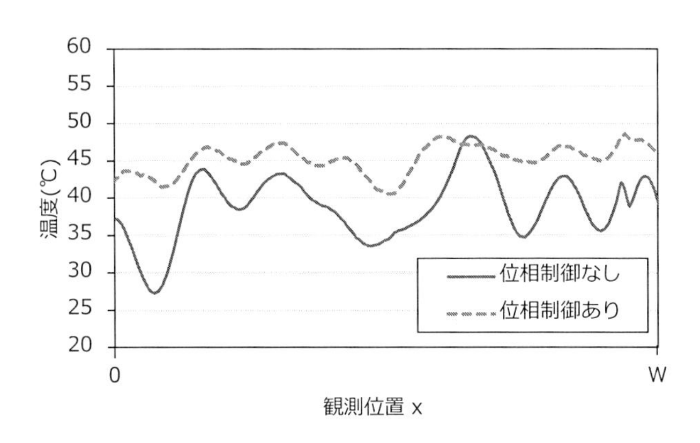

図8　被加熱物の温度分布測定結果（実線：位相制御なし，点線：位相制御あり）

4　まとめ

プラスチックのリサイクルのために有望である効率的な加熱方式として従来のマイクロ波加熱とマイクロ波制御方式に関する原理を説明した。また，マイクロ波制御方式を用いた「局所加熱」，「均一加熱」の実証実験について紹介した。今後，これらの技術をプラスチックリサイクルに適用することを目指して，さらなる実証実験を行っていく予定である。

謝辞

本研究は，国立研究開発法人新エネルギー・産業技術総合開発機構（NEDO）の「クリーンデバイス社会実装推進事業／省エネルギー社会を実現する高効率高出力マイクロ波 GaN 増幅器」の成果である．

文　　献

1) 吉田睦，“高周波およびマイクロ波による環境負荷低減への取り組みと実例 今と昔”，第4回日本電磁波エネルギー応用学会講演会資料，2013年5月，pp. 58-87
2) NEDOプレスリリース，“省エネで生産性の高い革新的炭素繊維製造プロセスを開発”，2016年1月
3) 河邊侑誠，池永和敏，“加圧マイクロ波照射用いる震災廃棄バスタブの分解反応”，第28回廃棄物資源循環学会研究発表会（2017）
4) Jie, X., *et al.*, “Microwave-initiated catalytic deconstruction of plastic waste into hydrogen and high-value carbons.” *Nat. Catal.*, **3**, 902-912 (2020)
5) D. W. Runton, *et. al.*, “History of GaN: High-Power RF Gallium Nitride (GaN) from Infancy to Manufacturable Process and Beyond,” in *IEEE Microwave Magazine*, **14**(3), pp. 82-93, 2013
6) 弥政和宏ほか，“GaN増幅器モジュールを加熱源とする産業用マイクロ波加熱装置”，エレクトロヒート特別寄稿，No. 208 (2016)
7) K. Iyomasa, *et al.,* “High Efficiency Chemical Reactions Induced by Concentrated Microwave Heating Using GaN Amplifier Modules,” *Journal of the Japan Petroleum Institute*, **61**(2), 163-170 (2018)
8) 弥政和宏ほか，“半導体発振器を用いたマイクロ波小型加熱炉による一葉加熱制御に関する検証実験”，電子情報通信学会 ソサイエティ大会，2017年9月

第8章　ビーズミル法を利用したPET解重合反応の開発

川瀬智也[*1]，石谷暖郎[*2]，小林　修[*3]

1　はじめに

最初のプラスチック，セルロイドが発明されてから既に160年が経過したと言われている。戦後の普及期を経て，プラスチックは人類の生活をより便利にする不可欠な材料となった。その世界的な生産量は着実に増加を続け，大幅な社会変革が起こらなければ，今後30年で1ギガトン/年に達すると予想されている[1,2]。一方，生産量の増加に伴い，使用済みプラスチックの処理は，埋め立てや焼却といった旧来の方法に今以上依存することはできず，継続的な問題となっている。「Reduce, Reuse, Recycle」といったスローガンに基づいた様々な運動を加速させるような技術の開発は，科学における最重要課題の一つである。またこの課題は，化石資源の消費に依存しない，資源循環型社会実現とオーバーラップしている。このような背景から，余剰資源として存在する使用済みプラスチックを高付加価値化するためには，ケミカルリサイクルが極めて重要な意味を持つ。

2　プラスチックケミカルリサイクルの課題

ポリエチレンテレフタレート（PET）など，多くの汎用プラスチックは溶媒耐性があるため，化学反応を促進するには，熱による溶融・溶解と物質移動の促進が不可欠である[3]。例えば，本稿で取り上げるPETの場合，一般的に180℃以上の温度が必要となる。従って，ケミカルリサイクルを加速するポイントは，高温というボトルネックを解消することである。プラスチックを微細化し，表面積を増大させると，反応性が高まることが予想される。しかし，ほとんどの汎用プラスチックは熱可塑性があり，サブミクロンレベルまで物理的に粉砕することは事実上困難である。これを達成するためには，粉砕過程で効果的に除熱し，微粒子を安定に保つことが重要と考えられる。このような考察から，筆者らはビーズミル法に代表される湿式粉砕法に着目した。湿式粉砕法は，溶媒を用いた物理的粉砕法であり，乾式粉砕にはない溶媒効果を得ることができる。すなわち，溶媒が粉砕過程で発生する余分な熱エネルギーを分散し，生成した高分子微粒子

＊1　Tomoya KAWASE　東京大学　大学院理学系研究科
＊2　Haruro ISHITANI　東京大学　大学院理学系研究科　特任教授
＊3　Shu KOBAYASHI　東京大学　大学院理学系研究科　教授

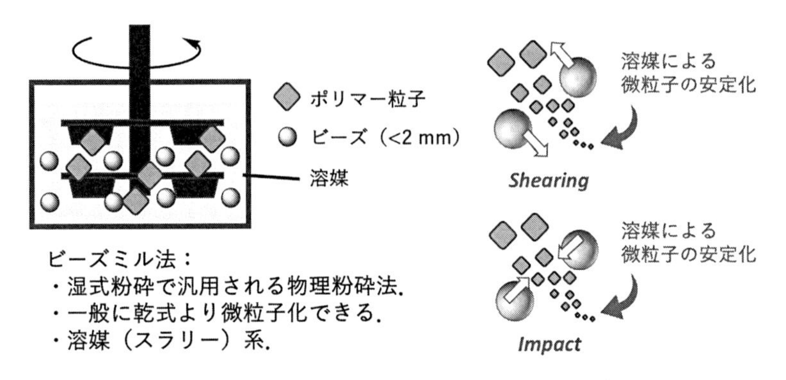

図1　湿式粉砕：ビーズミルによる高分子の物理粉砕

を溶媒和により安定化できるのではないかと考えた（図1）。このコンセプトを実証するため，本稿ではPETのメタノリシスを取り上げ，我々が得た成果を概説する[4)]。

3　反応デザインと初期検討

PETの解重合は180℃以上で行われることが多いが，本研究では共溶媒を用いることなく，90℃以下でのメタノリシス達成を目標に設定した。また，湿式粉砕処理がメタノリシスに与える効果を定量的に評価するため，アイメックス社のビーズミル処理によりPETスラリーを得る工程を第1段階，PET粉末と触媒およびメタノールを密閉容器に導入し，メタノリシスする工程を第2段階として，それぞれ個別に評価することとした。本研究では，試薬として市販されているPETペレットを標準的なPETサンプルとして使用した。直径2 mmのビーズを用い，2500 rpm，3時間粉砕を標準条件とした。スラリーは500 μmのフィルターでビーズと粗大粒子を除去し，溶媒を留去したのち乾燥することで粉末化し，メタノリシスの基質とした。まず，上記のようにビーズミル処理した試料と未処理の試料を用い，触媒として水酸化テトラブチルアンモニウムを使用してメタノリシスを行うことで，ビーズミル処理したサンプルに顕著な加速効果を認めた（表1）。この時，ビーズミル溶媒としてトルエン，水，アセトニトリルを試したが，興味深いことに，トルエンがビーズミル溶媒として最適であることが明らかとなった（entries 2～4）。さらに，粉砕メディア，すなわちビーズ材質を検討すると，ジルコニアビーズがアルミナ（entry 6）より高い効果が得られることが明らかとなった。ジルコニアは密度が高く，より高い衝突エネルギーを与えたものと推測されるが，このエネルギーが高分子にどのような作用を起こしたか，溶媒効果とともに非常に興味深い結果を得ることとなった。

初期検討で発現したビーズミル処理条件による序列が何に由来するものなのかを明らかにするため，まずビーズミル処理後のPETの粒子径分布を分析した。一次粒子として観測できた粒子を比較すると，トルエンでのビーズミル処理により得られた粒子は，水やアセトニトリルの場合

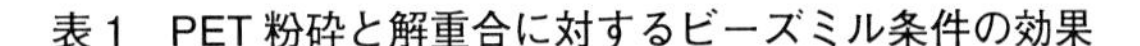
表１　PET粉砕と解重合に対するビーズミル条件の効果

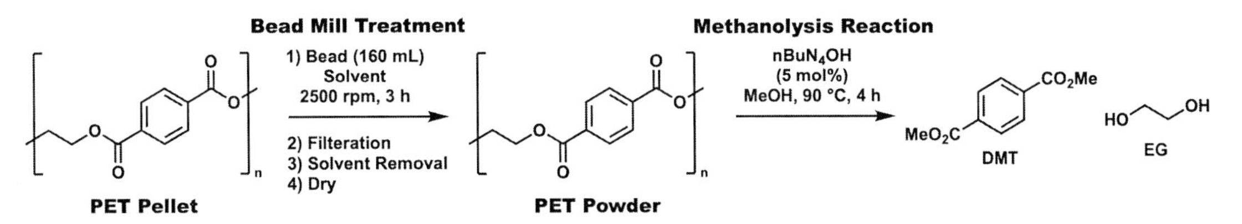

Entry	ビーズミル		一次粒径 [μm][b]	分子量分布[c]				DMT収率 [%][d]
	ビーズ材質	溶媒(RED[a])		M_n	M_w	M_w/M_n	M_p	
1[e]	–	–	–	16,900	63,700	3.8	54,900	14(0[f])
2	ZrO_2	H_2O (4.67)	27	13,700	44,500	3.3	38,900	39
3	ZrO_2	CH_3CN (1.62)	27	9,620	37,200	3.9	33,400	53
4	ZrO_2	Toluene (0.85)	2.9	7,280	24,800	3.4	15,900	69
5	ZrO_2	CH_3Cl (0.44)	–[g]	15,900	59,000	3.7	53,800	58
6	Al_2O_3	Toluene (0.85)	4.6	11,000	41,200	3.7	37,800	16

[a] ハンセンの溶解度パラメータから算出した相対エネルギー差。[b] DLSにより求めた一次粒子径。[c] GPCにより求めた分子量分布。[d] ^{1}H-NMRにより決定した収率。[e] ビーズミル前処理なし。[f] 触媒なし。[g] 測定せず。

の1/10程度に微細であり，約3 μmの一次粒子が生成していた。この結果はビーズミルによる湿式粉砕によりPETの物理的粉砕が進行したこととともに，生成粒子のサイズに溶媒依存性があることを明らかに示すものである。一方，アルミナビーズを使用して得たPETは，低メタノリシス収率であったにも関わらず，約4 μmの微細粒子を与えていた。すなわち，ジルコニアビーズによってもたらされた破砕・剪断力は，微粒子化以外にも使用されたことを示唆している。そこで次に，GPCを用いてPETの分子量を分析した。エネルギーがPETの化学結合開裂に使用された可能性を考えたわけだが，PETの分子量変化に与えた効果は予想以上であった。用いた試薬PETペレットはM_n = 16,900，M_w = 63,700の高分子だが，トルエン中でビーズミルを行った場合，それぞれ7,280，24,800に減少，つまり低分子量化していた。M_w/M_nには大きな変化がないことは，高分子がほぼ均質に開裂していることを示す。興味深いことに，低分子量化の傾向と収率の向上の傾向は一致している。アルミナビーズを用いた場合に，ジルコニアビーズと同程度の微細な粒子が得られていたにも関わらずメタノリシス収率が低かったのは，低分子量化が十分ではなかったからと考えることができる。また，溶媒の選択は，微粒子化以外に低分子量化にも大きな影響を与えている。高分子と溶媒との親和性は，しばしばハンセン溶解度パラメータ（HSP）を用いて議論される[5~8]。このパラメータを3次元空間（HSP空間）にプロットした際のPETと各種溶媒の距離R_aを，基準となる距離R_0(8.0)[8]に対する比として表した相対エネルギー差REDを，水，アセトニトリル，トルエン，クロロホルムに関して算出したところ，クロロホルムが最も低いRED値（RED = 0.44）を示し，ついでトルエン（RED = 0.85）であった。最も小さいRED値を与えるクロロホルム中では，粉砕中に一部のPETが溶解しており，衝突エネルギーが粒子に効果的に伝達されず，低分子量化が十分に進行しなかったと考えられる。溶媒の親和性は，対象を溶解させるという性質ではなく，粉砕粒子を湿潤させることにより安定化することに関与していると考えられる。

4　解重合反応の最適化

次に，触媒の最適化を試みた（表2）。カリウムメトキシド，ナトリウムメトキシド，炭酸カリウムでも良好な加速効果が見られたが（entries 2-4），第4級アンモニウムがカチオンとして優れており，ベンジルトリメチルアンモニウムヒドロキシドあるいはテトラメチルアンモニウムメトキシド（TMAM）を使用した場合に最も高い加速効果を得ることができた（entries 5, 6）。TMAMを10 mol%加えた場合には，81%の単離収率でDMTを得ることができた。本検討で使用した試薬PETは，補強材（reinforcer）を不純物として含む。反応および粉砕処理に対する補強剤の影響を排除するため，補強剤を含まない非晶性および結晶性PETペレット，ならびに

表2　PET粉砕と解重合に対するビーズミル条件の効果

Methanolysis Reaction

PET Powder → Catalyst (5 mol%), MeOH, 90 °C, 4 h → DMT + EG

Entry	PET	Catalyst	DMT 収率 [%][a]
1	Reagent	^{n}Bu$_4$NOH	69
2	Reagent	KOMe	69
3	Reagent	NaOMe	63
4	Reagent	K_2CO_3	62
5	Reagent	BnMe$_3$NOH	76
6	Reagent	Me$_4$NOMe	76 (81[b])
7	Amorphous	Me$_4$NOMe	84
8	Crystalline	Me$_4$NOMe	64
9	Beverage Bottle	Me$_4$NOMe	82

[a] ^{1}H-NMRにより決定した収率。[b] 触媒10 mol%使用，単離収率。

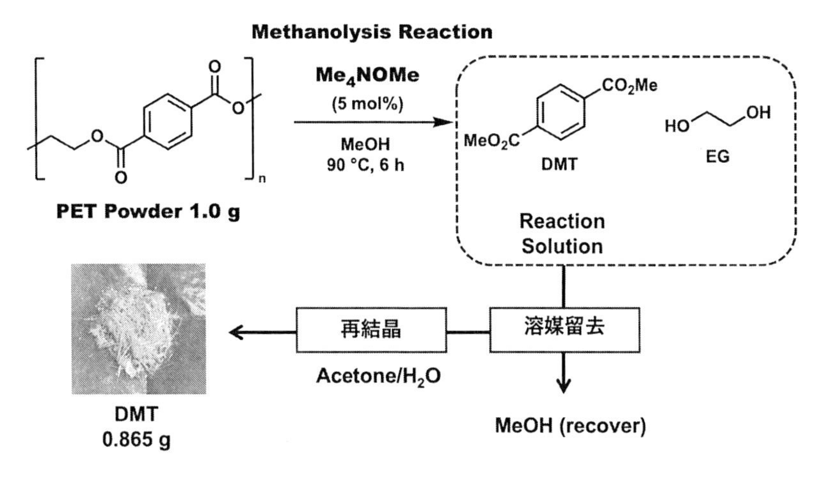

図2　グラムスケールでの解重合

飲料用ボトルをカットして調製したPETフレークを用いてその違いを検証した。すべてのPETサンプルにおいて，ビーズミル処理と触媒の効果がより顕著に発現し，飲料用および非晶性PETの場合にはより高いDMT収率を得ることができた。一方，結晶性PETは他に比べやや低収率となった（entries 7-9）。飲料用PETから得たフレークをビーズミル処理して得られた微粒子化PET 1.0 gを用い，5 mol%のTMAMとともに90℃で6時間メタノリシスし，メタノールを留去して得られた粗生成物をアセトン/水系で再結晶すると，高純度のDMT 0.87 gを得ることができた（図2）。

5　ビーズミルおよびメタノリシスにおけるPETの構造変換過程の追跡

本節では，ビーズミル処理がPETにどのような変化を与えるのか，メタノリシス反応がどのように進行するのかという反応機構に関して，非晶性PET，結晶性PET，飲料用PETを中心に考察した。これらの検討対象とした3つのPETサンプルは，ビーズミル処理により，試薬PETと同様の低分子量化，微粒子化傾向が観察された。一方，一次粒径はいずれも30～50 μmほどで，試薬PET粉砕時より大きく，また数平均分子量，重量平均分子量ともばらつきが見られた。粉砕，結合開裂の速度に高分子の性状差があることになる。これら3サンプルの中では結晶性PETが反応性に乏しいことは表2の中で示した。経時変化を詳細に追跡したところ，結晶性PETサンプルを用いた場合，速度は比較的遅いものの，時間とともに徐々にDMTに変換され，16時間後には約90%収率に達した。これらのPETサンプルの熱処理時の挙動をDSCにより分析した。DSC分析結果は，一次粒径，分子量分布の結果とともに表3にまとめた。非晶性PETのみ加熱工程で結晶化に由来する発熱ピークと融解ピークが観測された。またその差から見積もった結晶化度は7.0%であった。それ以外2サンプルは，結晶成分の融解に由来する吸

表3　ビーズミル前後の物性変化

PET	Amorphous		Crystalline		Beverage Bottle	
ビーズミル	処理前	処理後	処理前	処理後	処理前	処理後
T_M [°C]	260.5	257.7	244.5	255.6	252.1	253.0
溶解エンタルピー [mJ/mg]	11.0	55.8	56.2	51.5	42.4	50.9
結晶化度 [%]	7.9	39.8	40.1	36.8	30.2	36.3
一次粒径 [μm]	–	36	–	51	–	34
Mn	17,400	5,600	15,200	6,765	26,400	12,100
Mw	62,100	31,600	79,300	37,300	75,900	43,500
Mw/Mn	3.6	5.6	5.2	6.6	2.9	3.6
Mp	65,800	65,800	77,700	12,200	74,100	41,400

熱ピークのみが200℃以上の領域で観測され，結晶化度は，結晶性PETが40.1%，飲料用PETは30.2%となった。なお用いた飲料用PETは耐熱仕様ではないが，比較的結晶性の高い製品であることになる。一方，ビーズミル処理した非晶性PETをDSC解析すると，結晶化を示す発熱ピークが消失した。また，飲料用PETは結晶化度がわずかに増加したことから，これら試料については非晶性部の結晶化が示唆された。一方，結晶性PETはわずかに結晶性が減少した。ビーズミル処理中に非晶質から結晶質へと変化するメカニズムは，衝突エネルギーが局所的に熱を発生したことで，ポリマー二次構造の非晶領域が結晶化したと説明できる。非晶性PETと結晶性PETのビーズミル処理3時間での分子量変化を比較すると，前者に比べ，後者はM_wにより大きな変化が起こっていることに気づく。M_wや最大ピーク位置は非晶性PETの方が小さい値を示しているが，M_nは結晶性の方が小さい。つまり，結晶性PETは小さい分子が増えたことでM_wが大幅に減少した反面，大きい高分子の変化が乏しいことを示している。非晶性PETは，ビーズミル過程で結晶質へ変化と低分子量化が同時進行する。局所的な加熱と溶媒による冷却が同時に起こるビーズミル過程では，非晶領域の伸縮が繰り返し起こることでひずみが生じ，分子鎖が切断されやすくなったと予想される。

次に，ビーズミル過程における高分子の分子量変化を経時的に観察した。非晶性PETサンプルを用いたGPCの経時変化を図3(a)に示す。ビーズミル1時間で最大分子量のピークトップが低分子シフトし，3時間後には大分子量ピークをショルダーに持つ二つのピークとして観測された。新たに生じた中分子量領域のピークはその後も変化を続け，18～48時間では1,000～3,000のオリゴマー領域に移行した。一方ショルダーとして観測された大分子量領域の変化は比

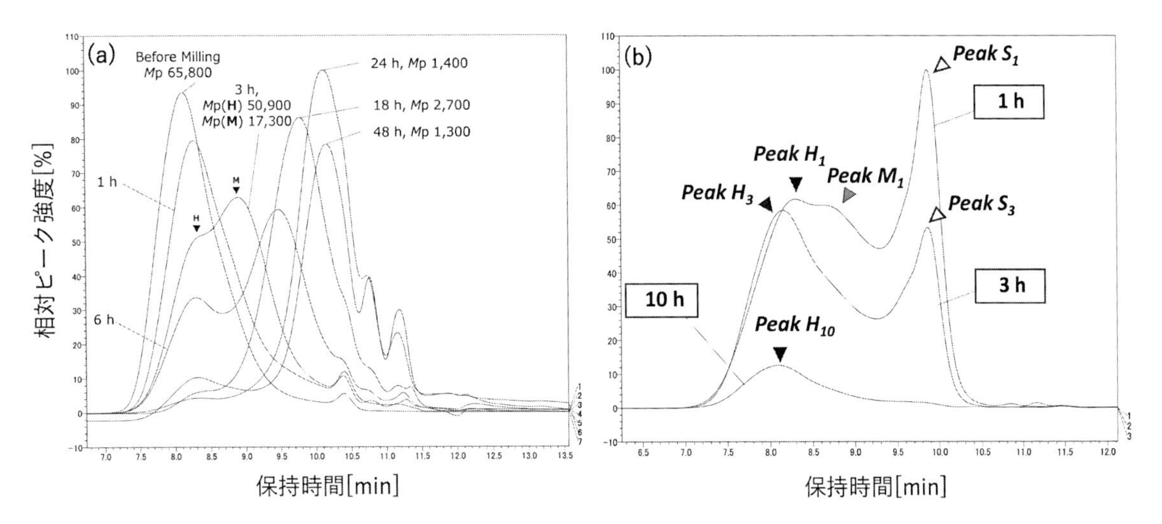

図3　ビーズミル工程(a)およびメタノリシス工程(b)における不溶成分のGPC分析

較的遅く，18〜48時間後でも若干ではあるが観測された。これらの変化は平均分子量の変化から推測した挙動をよく表していると言える。一方，ビーズミル工程と同様に，メタノリシス反応過程で高分子にどのような動的変化が起こるのかを観察した。結晶性PETサンプルを標準条件で3時間ビーズミル処理すると，約60,000を中心とするピークHに加えて，M_p = 14,000のピークLが観測される。このサンプルをメタノリシス反応に用い，1時間，3時間，10時間後に不溶性成分をろ別し，GPC分析した（図3(b)）。ピークLはメタノリシス開始後1時間以内に消失し，M_p = 2,900のピークSが出現した。一方高分子量領域のピークHは，ビーズミル工程における変化と同様，ショルダーピークMを伴ったピーク形状へと変化した。3時間が経過すると，それぞれ強度が減少するが，低分子量ピークMの方が減少幅が大きく，結果として，ピークHが相対的に支配的な成分となった。10時間後もその傾向は同様で，ピークHは強度的に小さいながら残存し，その他のピークは消失した。解析からの消失は，可溶化あるいは解重合されたことを示すため，M_p = 2,900のピークSは不溶性を保持するPETの下限分子量を表していると考えられる。

これらの動的挙動から，低分子量化およびモノマー化反応は，ビーズミル工程およびメタノリシス工程のいずれにおいても，

1. 分子量が小さいほど速度が速い解重合工程
2. 一旦M_p = 2,900のPETオリゴマーに収束したのち可溶性PET種への変換
3. 可溶性PETの高速な加溶媒分解

の機構で進行していることを示している。

6　ビーズミル法を利用するPET解重合の応用

本節では，ビーズミル処理の特性を活かした試みについて紹介する。

湿式粉砕法の一つであるビーズミル処理法の特徴の一つは，連続粉砕である。限定された容積の粉砕空間であっても，スラリーとして連続供給すれば，巨大な粉砕容器を使用することなくスケールアップが可能となる。我々は横型連続ビーズミル装置を使用し，その実証に取り組んだ。ビーズミル処理は循環式を採用し，スラリー受け器と，0.09 mm のスリットを装着した連続式ビーズミルベッセル，ポンプから構成される。受け器からサンプリングすることでスラリーの粉砕状態を定期的にモニターした。またホッパー式投入口から試料を追加投入できるようにし，飲料用 PET フレークを，毎回 5.0 g を 4 時間間隔で 4 回投入したところ，最終的に 17.4 g の PET パウダーへと変換することができた（図 4）。この連続粉砕した PET を 90℃での解重合に用いたところ，DMT を 91％収率で得ることができた。

さて，ここまでの研究の大部分はビーズミル処理と解重合を分けて評価してきた。一方，二つのプロセスを同時に実施するワンポットプロセスも興味深い。これは，プロセスの効率化が実現されるだけではなく，ビーズミル処理によって発生する熱を反応に利用できる。すなわち外部加熱のないメタノリシス達成の可能性がある。また，溶媒との反応によって成立する加溶媒分解と，粉砕工程を同時進行させることができるのは，湿式粉砕法ならではの特性とも言える。まず初めに，バッチ系で，使用済み飲料用 PET を 1.0 g 使用し，MeOH/ピリジン（1：9）を溶媒に用い，10 mol％ TMAM 存在下でビーズミル/メタノリシスを行うと，6 時間後に DMT が 72％収率で得られた。ワンポット・粉砕/メタノリシスが実現可能であることを示す結果であるが，より効率を高めるため，連続ビーズミル法の適用を検討した（図 5）。リザーバーに 1.0 g の PET，20 mol％の TMAM を加え，MeOH/ピリジン（1：9）の溶媒 1 L を用い，連続ビーズミル条件でスラリーを循環させた。スラリー受け器中の溶液を定期的にサンプリングして生成物を

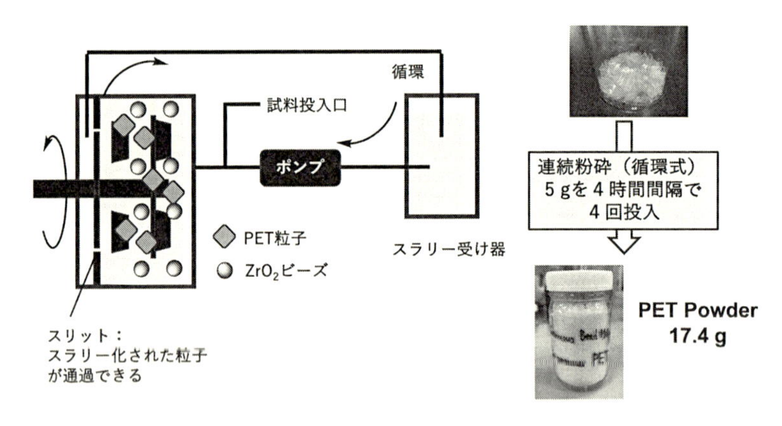

図 4　連続ビーズミルによる PET の連続粉砕

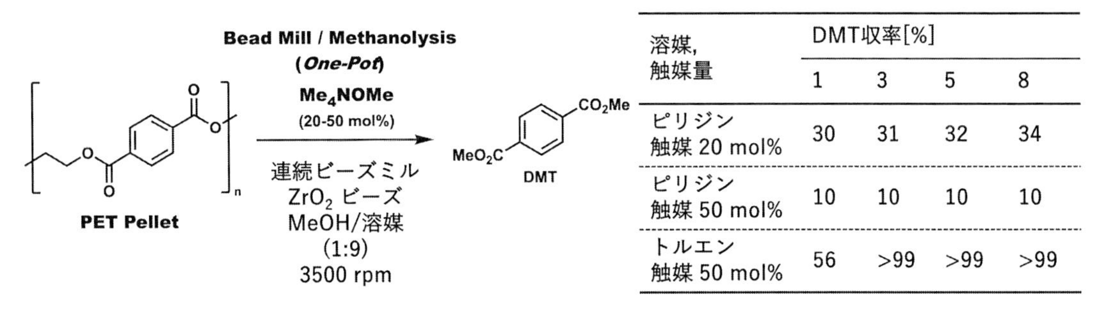

溶媒, 触媒量	DMT収率[%]			
	1	3	5	8
ピリジン 触媒 20 mol%	30	31	32	34
ピリジン 触媒 50 mol%	10	10	10	10
トルエン 触媒 50 mol%	56	>99	>99	>99

図5　連続ビーズミル／メタノリシス反応

定量したところ，1時間後のDMT収率が30%であることを確認したが，それ以降24時間循環させても収率は向上しなかった。使用触媒の量を50 mol%としても効果がなく，低濃度条件や連続法適用による粉砕効率の低下が強く反映されたと考えた。一方で，HSPに基づくピリジンのRED値は0.37であり，粉砕処理中にPETが溶解した可能性を考えた。トルエンのように，RED値が中間的な領域に位置する溶媒は，不溶性PETを湿潤により安定化できるが，より高い親和性を持つピリジンなどの溶媒はPETを一部溶解してしまうため，粉砕による低分子量化には不利に働くと考察できる。そこで，ピリジンではなくトルエンを共溶媒として検討を行ったところ，反応効率は劇的に改善し，3時間以内にPETからDMTへの定量的変換が達成された。バッチ式でのワンポット・粉砕/メタノリシス反応にメタノール/トルエンシステムを適用しても，十分に高い収率が得られることを確認でき，このようなワンポットプロセスにおいては，粉砕による低分子量化の寄与が特に大きいことを示す結果となった。結果的に，ビーズミル法の適用により，連続粉砕条件で外部加熱なく未処理のPETサンプルを短時間でモノマーに変換できたことは，我々の当初目的を達成できたことを意味し，高分子の低温ケミカルリサイクルのためのユニークで有望な方法論を提供できたと言える。

7　まとめ

以上をまとめると，筆者らは90℃以下で進行させることができるポリエチレンテレフタレートの触媒的解重合反応系に関して，湿式粉砕を鍵工程と捉え検討を実施し，いくつかの反応系を見出すことができた。いずれもビーズミル法が低温化の要素技術であり，この過程で微粒子化とともに低分子量化が進行することにより低温解重合が達成できることを実証した。特に低分子量化が重要な要素であるが，その進行には溶媒とPETの親和性が極めて重要であることを見出した。また，物理粉砕により局所的に発熱し，これが原因となり非晶質から結晶性への相転換等，PET構造の変化を誘発し，これが反応性の差に繋がることも見出した。ビーズミル工程およびメタノリシス工程における高分子の分解挙動を追跡し，低分子量成分ほどモノマーへの分解が加速されるメカニズムを示した。最終的には，連続ビーズミルとメタノリシスを組み合わせることにより，外部加熱を必要としない PET のモノマー化を達成することができた。

本研究で印象的な事象は，初期に我々が予想した以上の効果を溶媒が果たしたことである。またこのような溶媒の作用は，ビーズミルによる湿式粉砕でしか見出せなかったことも重要である。本研究では PET の解重合をマイルストーンとして設定したものであり，一定の成果を得たと考えている。この方法論を，様々な高分子のケミカルリサイクルに適用し，化学による資源循環型社会の構築に役立てたいと考えている。

謝辞

本研究におけるビーズミル処理は，アイメックス株式会社のサポートにより実施しました。

文　献

1) Geyer, R.; Jambeck, J. R.; Law, K. L. *Sci. Adv.* **2017**, *3*, 25.
2) Dokl, M.; Copot, A.; Krajnc, D.; Fan, Y. Van; Vujanović, A.; Aviso, K. B.; Tan, R. R.; Kravanja, Z.; Čuček, L. *Sustain. Prod. Consum.* **2024**, *51*, 498.
3) Chu, M.; Liu, Y.; Lou, X.; Zhang, Q.; Chen, J. *ACS Catal.* **2022**, *12*, 4659.
4) Kawase, T.; Ishitani, H.; Kobayashi, S. *Chem. Lett.* **2023**, *52*, 745.
5) Pulido, B. A.; Habboub, O. S.; Aristizabal, S. L.; Szekely, G.; Nunes, S. P. *ACS Appl. Polym. Mater.* **2019**, *1*, 2379.
6) Charles M. Hansen. Hansen Solubility Parameters: A User's Handbook, 2nd Edition.; CRC Press: Boca Raton, 2007.
7) The Official Site for Hansen Solubility Parameters and HSPiP software. https://www.hansen-solubility.com/（accessed Jan 30, 2025）.
8) Karim, S. S.; Farrukh, S.; Matsuura, T.; Ahsan, M.; Hussain, A.; Shakir, S.; Chuah, L. F.; Hasan, M.; Bokhari, A. *Chemosphere* **2022**, *307*, 136050.

第9章　廃棄プラスチックの油化技術

野間　毅*

1　廃棄プラスチックリサイクルの動向

海洋プラスチックごみ問題，気候変動問題，諸外国の廃棄物輸入規制強化等への対応を契機として，国内におけるプラスチックの資源循環を一層促進する重要性が高まっており，このため，多様な物品に使用されているプラスチックに関し，包括的に資源循環体制を強化する必要があることから，「プラスチックに係る資源循環の促進等に関する法律」（略して「プラスチック資源循環法」，「プラ新法」）が施行された（令和4年4月1日）。この法律は，従来からの3RにRenewableを加えて，プラスチックの資源循環の高度化に向けた環境整備・循環経済（サーキュラー・エコノミー）への移行を図るものである。

我が国のプラスチックリサイクルの状況を見ると[1]，サーキュラーエコノミーに資するリサイクルである，メカニカルリサイクル（マテリアルリサイクル）とケミカルリサイクルが行われているのは，廃棄プラスチック全体の25％であり，その他はサーマルリサイクルと未利用（単純焼却，埋立）となる。メカニカルリサイクルされるプラスチックも繰り返し利用されることにより劣化が進みやがてメカニカルリサイクルができなくなるため，結果としてプラスチックのサーキュラーエコノミーを実現するためには，全てのプラスチックをケミカルリサイクルする必要がある。

ケミカルリサイクルにはいくつかの方法があり，代表的なものは熱分解プロセスを用いたものである。熱分解プロセスはその操作により，油化（解重合を含む），ガス化等が行え，広範な用途への展開が可能となる。

本章では，ケミカルリサイクルによるプラスチック再生の要となる技術である，廃棄プラスチックの熱分解油化技術に焦点を当て，技術課題，過去の取組みの解説を行い，さらにプラスチック製品のサーキュラーエコノミー実現の道筋について今後の展望を述べる。

2　熱分解プロセスを用いたプラスチック再生技術について

2.1　熱分解プロセスの分類

熱分解プロセスは，有機化合物を酸素のない雰囲気下で高温に加熱することによって原料を化学分解するもので，加熱温度，加熱速度，滞留時間等によって，生成される分子が異なってく

＊　Tsuyoshi NOMA　帝京大学　先端総合研究機構　客員教授

る。一般に高温度で熱分解するほど低分子化が進んで常温でガス状態となり，450℃以下で熱分解すると常温で液状成分の割合が大きくなる。熱分解プロセスにおいては，廃棄プラスチックに付着している汚れや着色料等を熱分解の過程で除去することが可能であるため，得られた生成物から新製品と同レベルのプラスチック製品の製造が可能となるという特長がある。表1に熱分解プロセスの整理結果を示す。

モノマー生成プロセスは，プラスチック原料を熱分解により解重合することでプラスチック原料であるモノマーに戻す技術である。モノマー化された原料は，再重合することにより高品質なプラスチック製品を再生することが可能となり，小さいループで循環型化学リサイクルが成立するという特長がある。一方で，対象となる原料がポリスチレン（PS）等に限定され，また処理する際のプラスチック種類が単独であることが求められるため，集荷，前処理で選別が必要となるという制約がある。

熱分解油生成プロセスは，複数種類の混合廃棄プラスチックを熱分解して熱分解油を得る技術で，これまで大小様々な取り組みが行われて来ている。その中でも代表的な取り組み事例は，札幌プラスチックリサイクル，新潟プラスチック油化センター，道央油化センターのもので，この3社は容器包装リサイクル法の対象となるプラスチックを大型の商用規模で事業として行った実績がある。各々のプラントで技術的な進展が見られたが，種々の容器包装プラスチックのリサイ

表1　廃棄プラスチックのリサイクルのための熱分解プロセス分類

大分類	中分類	リサイクルプロセス	対象原料	代表的な取り組み
熱分解油化	モノマー	熱分解による解重合でモノマー化し，再重合でPS製造に活用する。	PS等の単一種	・東芝プラントシステム&PSジャパンによるPS to PS実証 ・東洋スチレン＆米国アジリックスによるPS to PS実証
	熱分解油	概ね450℃以下で熱分解することにより炭化水素油を得る。	容リプラ 産廃プラ ASR等 混合プラ	①海外取り組み Veba社高圧水素油化（撤退） ②国内容リプラ商用リサイクル施設 ・札幌プラスチックリサイクル（撤退） ・新潟プラスチック油化センター（撤退） ・道央油化センター（撤退） ③実証・開発 ・三井化学ASR油化to PP製造開発 ・出光/環境エネルギーによる油化経由プラスチック製造の実証検討
熱分解ガス化	合成ガス	高温度で熱分解・改質することにより得れた合成ガスから，プラスチック製造のための基礎化学原料を合成する。	廃プラ全般	・昭和電工＆荏原製作所ガス化経由でアンモニア製造事業 ・積水化学による合成ガスの生物処理によるエタノール製造実証と住友化学のサーキュラーエコノミー取組 ・東芝により自動車破砕ごみから金属を取り除いた分からのガス化により合成ガスを取出し

クル方式が確立され，経済的な競争原理によって採算が合いにくくなったことにより現在ではいずれの取組みも事業を撤退することとなっている。

熱分解ガス化プロセスについては，昭和電工㈱と㈱荏原製作所が熱分解ガス化システムの商用化に成功している。同プラントは得られた合成ガスからアンモニアの製造を行うことを目的としており，現在のところはプラスチックの再生を指向するものではない。しかし，合成ガスから FT 法（Fischer-Tropsch process）や微生物触媒法などにより化学基礎原料に転換する技術が取り組まれていることから，プラスチック製造のための基礎原料を製造することも可能な技術であると想定される。積水化学工業㈱は熱分解ガス化プロセスで得られた合成ガスを，微生物触媒によりエタノール化する取り組みを検証しており，さらに住友化学と連携して生成されたエタノールからポリオレフィンを製造する実証の準備を進めている[2]。㈱東芝は自動車破砕ごみのうちの鉄分を回収した後の主に樹脂類から成る ASR（Automobile Recycle Residue）の熱分解ガス化改質の商用プラントを建設した実績を有し，得られた合成ガスは発電だけでなく化学原料と成り得るものである[3]。

2. 2　廃棄プラスチックからのモノマー生成プロセス事例について

具体的な取り組みとして，包装容器として多く用いられているポリスチレンのモノマー化の取組み事例を以下に紹介する。

本取り組みは NEDO 助成を受けて 2000～2001 年に東芝プラントシステム㈱と三井物産㈱が実施したもので，発泡スチロール（ポリスチレン廃棄物）からのスチレンモノマー製造実証を，3 トン/日規模で行ったものである。本プロセスのフローを図 1 に示す[4]。原料となるポリスチレ

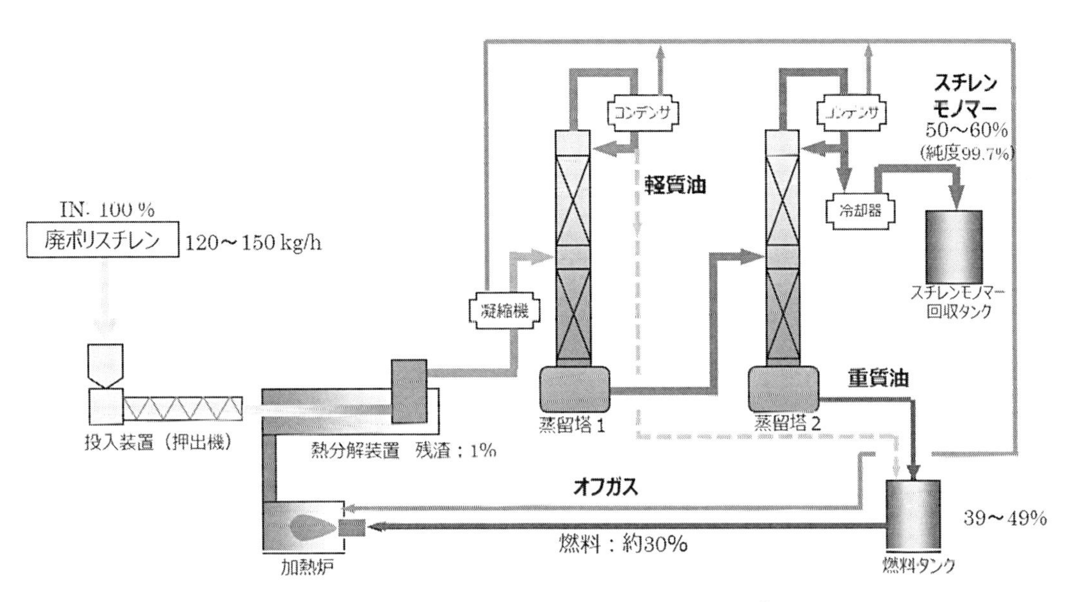

図 1　ポリスチレンからのモノマー生成システム[4]

ンは押出機にて溶融状態で管型熱分解炉に投入される。熱分解炉では原料を短時間で加熱して熱分解ガスを発生させ，ガスは減圧雰囲気下で蒸留を行うことによりJIS・ASTMの品質規格に適合したスチレンモノマー生成油を高回収率（60％以上）で回収できる。また，この時に副生成油として再生される重質油は，熱分解炉の加熱源として使用するため，本システムにおいては外部燃料が不要となる。これにより，原油からのポリスチレン生成よりもCO_2排出量を小さくできる。

中央化学㈱は，本実証で製造された再生モノマーからポリマー化を経てトレーなど加工製品に再利用する開発に成功した[5)]。再生されたトレーは，包装機械適性などの物性や外観，さらには食品に対する衛生安全性等あらゆる面でバージンレジンによる製品と同等の性能を持ち，衛生上の安全性に関しては，日本食品衛生協会による材質試験と溶出試験を通して食品衛生法ならびにポリオレフィン等衛生協議会の自主基準に適合することが確認された。

また，PSジャパン㈱は本実証結果に基づいて2022年より実装化を行う計画で，設計検討を進めるための同意契約が同社と東芝プラントシステム㈱の間で締結された（2020年12月）[6)]。

2. 3　廃棄プラスチックからの熱分解油生成プロセスについて

2. 3. 1　実用規模の取組事例

容器包装リサイクル法対象のプラスチックからの熱分解油生成プラントの概要と課題を表2に示した。

2. 3. 2　廃プラスチックの熱分解油化技術の課題

表2に示した各施設における廃棄プラスチックの油化方法には差異はあるが，共通する基本プロセスは原料の熱分解を行って生成油を得る方式である。熱分解油生成プロセスに関する技術課題を表3に示した。

2. 3. 3　廃棄プラスチックの熱分解油化プロセスの取組事例

ケミカルリサイクルにより複合プラスチックを再生するためには，熱分解油化プロセスを経ることが現時点においては最も近道であると考えられる。その理由として，商用の実績があること，得られた熱分解油からプラスチックの原材料を製造する試みが行われた実績があること等が挙げられる。実績のある廃棄プラスチックの油化施設の中でも札幌プラスチックリサイクル㈱（以下，SPR）のシステムは，規模が最も大きくかつ10年間の長期間稼働を続けた。システムには課題は残ってはいるものの，SPRのシステムは日本の廃棄プラスチック油化プロセスの発展におけるマイルストーンであると言える。また，SPRのシステムは昨今の欧州における多数のスタートアップ企業にも影響を与えていると想定されている[12)]。

以下廃棄プラスチックの熱分解油化プロセスについてSPRの実例に基づいて説明を行う。

(1) プロセスの説明

図2にプロセスフローを示す。

表２　廃プラスチック油化施設の商用取組事例

施設名	概要・課題
①新潟プラスチック油化センター[7,8] （出資者：瀝世石油㈱ 1999 年～＠新潟市） ※ 2007 年撤退	・処理規模：6,000 トン / 年 ・プロセス：脱塩 / 脱気 / 熱分解 ・回収油：軽質油（所内燃料），中質油（重油代替として公共施設向販売），重質油（触媒で重油相当にして販売） ・生成油収率：約 50％ ・課題：処理コスト高，原料（廃プラスチック）の供給不安，内容物揺曳，加熱炉でのコーキングの抑制 他 ・設計 / 施工：プラ処理協 / 千代田化工 / シナネン㈱
②札幌プラスチックリサイクル㈱[9,10] （出資者：㈱テルム / ㈱東芝 / 三井物産㈱ / 札幌市，2000 年～＠札幌市） ※ 2011 年撤退	・処理規模：14,800 トン / 年 ・プロセス 脱塩 / 溶融 / 熱分解，無触媒 ・回収油：軽質油（ジャパンエナジーに販売），中質油（化学会社に外販），重質油（製紙会社，地域冷暖房会社に外販，ディーゼルエンジン発電燃料利用） ・生成油収率：約 65％ ・油化残渣：札幌市下水道局に販売 ・課題：処理コスト高，原料（廃プラスチック）の供給不安，無機・有機酸による配管腐食，閉塞の抑制 他 ・設計 / 施工：㈱東芝
③㈱道央油化センター[11] （出資者：地域振興整備財団 / 三笠市，2000 年～＠三笠市） ※ 2004 年撤退	・処理規模：6,000 トン / 年 ・プロセス：溶融脱塩 / 熱分解，合成ゼオライト触媒使用による接触熱分解 ・回収油：軽質油（自家消費），重質油（外販） ・生成油収率：約 50％ ・課題：処理コスト高 ・設計 / 施工：㈱クボタ

表３　熱分解油生成プロセスの技術課題

項　目	内　容
移送	・原料の形態がプロセスの進行に従って，固体，ビンガム流体，ニュートン流体，気体，と様々な相に変化するため系統内で閉塞等の不具合。
コーキング	・原料の熱分解工程において炭化水素の縮合が発生し，伝熱面にコーキングが発生して伝熱阻害。
生成油収率	・適切な滞留時間，温度管理ができないとガス化して油収率が低下。 ・熱分解により得られた反応性の高いオレフィンやオリゴマー等が，熱分解炉内の溶融層に閉じ込められて取り出せないまま反応が進んで油化不適物質となる。
生成油の成分	・塩化水素やワックス分を低減させること。 ・軽油，中質油，重質油等に分留すること。
PET 起因 不具合	・熱分解によるテレフタル酸や安息香酸等の析出による閉塞。 ・テレフタル酸と安息香酸が直接的な原因となって再生油ラインを腐食。 ・熱分解特性の特異性により油化不適物質で，収率低下。
塩化水素起因 不具合	・塩化水素発生による構造部材腐食。 ・油への混入による油質低下。 ・熱分解特性の特異性により油化不適物質で，収率低下。
有毒ガスの発生	・PVC，ABS 樹脂，ナイロン，アクリル等の塩素や窒素原子を含む樹脂は，熱分解により発生する塩化水素ガス，シアン化水素ガスなどが原因となる腐食。環境対策要。
安全性	・系統内への空気の流入による火災発生。 ・高温可燃物質（気体，液体，固体）の系外への流出による発火。

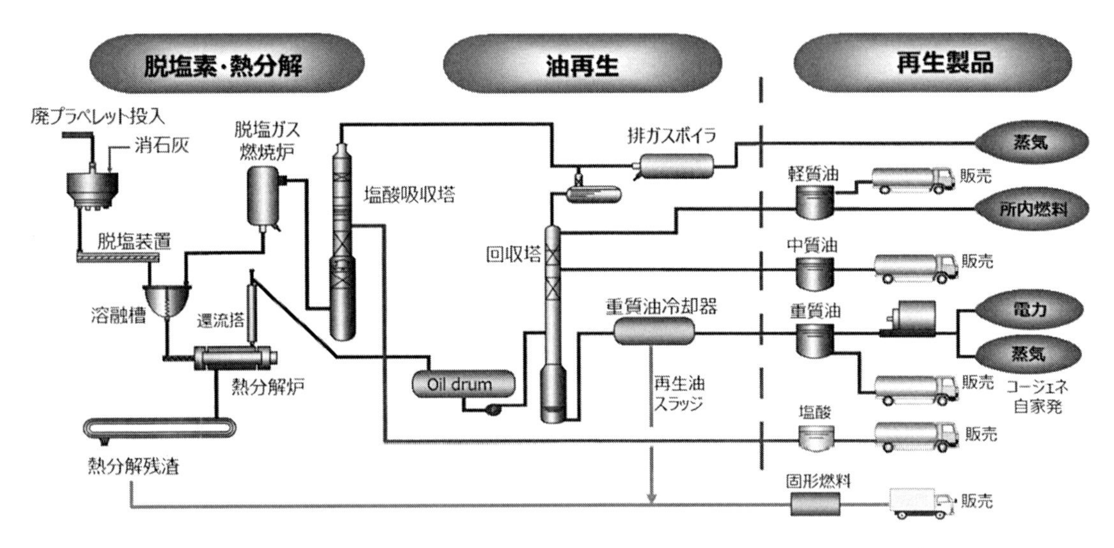

図2　札幌プラスチックリサイクル社　廃プラスチック油化システムフロー図[9]

i）前処理プロセス

廃棄プラスチックはベールの形状で入荷される。ベールは破砕機で粉砕し，乾燥機を経て金属等の異物を除去した後にペレットに造粒される。これにより原料のハンドリング性が向上し，システムへの投入が行い易くなる。

ii）消石灰の添加と脱塩プロセス

ペレットを脱塩工程に投入する際に消石灰（$Ca(OH)_2$）の添加を行う構成としていることが特徴である。消石灰を添加する以前は，テレフタル酸，安息香酸等の有機酸の影響による部材の腐食や系統内への固形物付着による閉塞，さらに塩酸や精製油への混入等，プラントの安定稼働が大きく阻害される状況であった。そこで東北大学の支援を受けて，有機酸を中和してカルシウム（Ca）で固定化する検証結果[13]を反映することを狙いとして，消石灰の添加を行ったところ，塩酸回収系統，熱分解油精製系統共に腐食や閉塞が大幅に低減して連続稼働が可能となった。

消石灰が添加されたペレットは，一軸押出機を使用した脱塩装置（脱塩・溶融）に投入されて圧縮され，せん断による摩擦熱と電気ヒータにより加熱される。PVC，PVDC が他のプラスチックに比較して熱分解の開始温度が低いことを利用し，PVC，PVDC だけが熱分解を始める温度まで昇温して温度と滞留時間を調整して塩化水素を原料から分離させる。分離した塩化水素ガスは塩酸回収工程に送り，20 wt％濃度の塩酸として回収され，中和剤として製紙会社に販売された。

iii）熱分解プロセス

塩素分が除去された原料は，溶融状態で溶融槽に貯えられ，処理量や組成の変動に影響されずに流動性を保持させるよう加温状態で保たれる。脱塩装置出口～溶融槽～熱分解炉は上下に垂直に配置され，熱分解炉への投入は重力移送により閉塞要因を排した構成としている。

熱分解炉は外熱式ロータリーキルン方式で，熱分解オフガスを燃焼して得られた熱風によりキルン外部から内部の溶融プラスチックを加熱する構造となっている。熱分解炉の構造を図3に示す。キルン内部には直径50 mmのセラミック製のボールが入れられており，これによりキルン底部のプラスチック溶融層滞留域が常に撹拌されて伝熱効果が高められると共に，オリゴマー類の揮発を促進させることができる。さらにキルン内壁面へのコーキング生成を抑制できる等のメリットが得られる。

熱分解プロセスは，溶融プラスチックを投入して原料を熱分解する工程，投入を停止して内部温度を高めて残存する油分を揮発させる焼締工程，残渣排出工程を経ることにより1バッチとなる。このような工程を経ることにより，高い収率で油分を回収することが可能となる。また，残渣は油分を含まない乾燥した状態で取り出すことが可能となり，回収した熱分解残渣（エコパウダー）は造粒してエコペレットとして下水処理場の助燃材として販売された。SPRの熱分解炉においては触媒を使用していないが，この反応過程でFCC触媒を使って生成油の品質を高めるプロセスが，実用化に向けて取り組まれている[14)]。

iv）油生成プロセス

熱分解炉で発生した熱分解ガスは，還流搭にて軽質化された後で冷却・凝縮させて得られた熱分解油を分解油ドラムに貯留した後，蒸留塔にて軽質油，中質湯，重質油に分留される。

得られたナフサ相当の軽質油はプラント内の燃料として利用し，また後述するフィードストックリサイクルの試みのためにジャパンエナジー㈱への販売を行った。A重油相当の中質油は環境

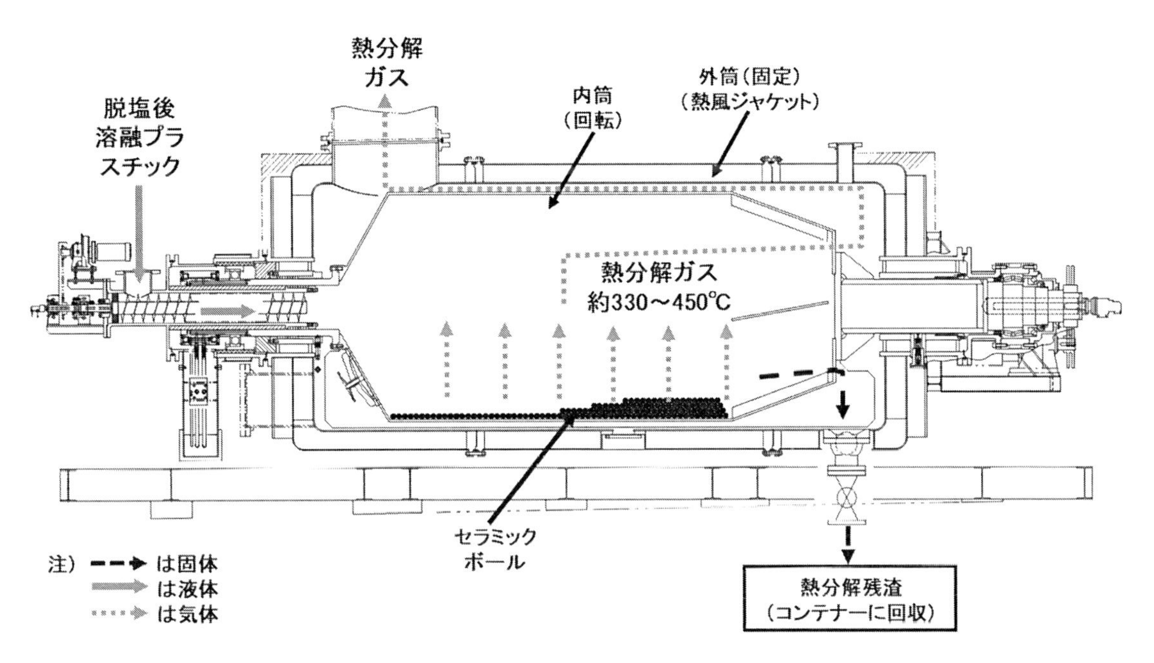

図3　熱分解炉の構造

関連会社，化学会社への販売を行った。またC重油相当の重質油は製紙会社，地域暖房会社への販売を行うと共に，市販のA重油と混合してディーゼルエンジン発電機（2,000 kW）を備えたコジェネシステムの燃料として利用した。また，オフガスは完全燃焼してスチームとして熱回収される。図4にH21年度の投入廃棄プラスチックに対する生成物の割合を示した。表4には各再生油の性状を示した。いずれの再生油も硫黄分が少ないことが特長である。重質油は流動点が高く常温で固体となる。

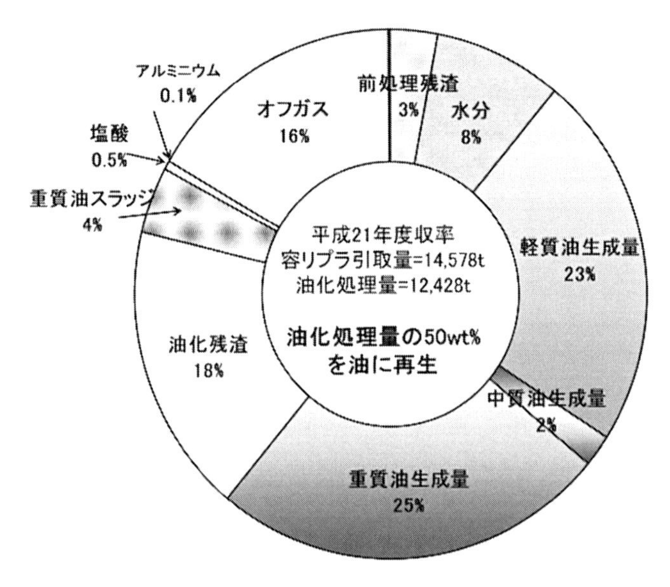

図4　投入された廃棄プラスチックに対する生成物の割合

表4　再生油の性状

再生油性状		軽質油	中質油	重質油	JIS TS Z0025（参考）
密度	g/cm^3（15℃）	0.821	0.832	0.854	
引火点	℃	21未満	82	112	
流動点	℃	−50以下	−35.0	47.5	
残留炭素	wt%	0.29	0.32	0.38	
反応		中性	中性	中性	
動粘度	mm^2/s	0.6831（30℃）	1.83（50℃）	7.09（60℃）	
水分	wt%	0.025	0.1以下	0.1以下	
灰分	wt%	0.001未満	0.01以下	0.01	0.05以下
硫黄分	wt%	0.002	0.06	0.08	0.2以下
窒素分	wt%	0.08	0.16	0.1	0.2以下
塩素分	ppmw	60	70	90	100以下
総発熱量	kJ/kg	42,070	45,240	45,520	

3　廃棄プラスチックのケミカルリサイクルによるプラスチック再生の展望

3. 1　マスバランス方式によるリサイクルプラスチック製造

廃棄プラスチックのケミカルリサイクルにおいては，熱分解プロセスがその中心となるものであるが，熱分解プロセスにより生成されるのはモノマー，熱分解油および合成ガスであり，そこからプラスチックを再生するためには石油精製産業，石油化学産業の関与が不可欠となる。このような経路を辿るリサイクルを再生プラスチックとして認証する方法として，マスバランス方式が注目を浴びている。この方式は，化石原料と再生可能原料を混合して製品品質を維持しつつプラスチック製品を製造するもので，再生可能原料の使用割合に応じて100％再生可能プラスチックとみなすことができるというものである。この認証については第三者機関が行い，ISOが国際基準を制定中である。この手法により今後のケミカルリサイクルにおける再生プラスチック製造の普及が期待される。

3. 2　石油精製所へのフィードストックリサイクルの取組

熱分解油の分留により生成される軽質油はナフサ相当であることから石油化学原料へ適用できる可能性がある。そこで札幌市，新潟市の両油化処理プラントで生成した廃プラ分解軽質油（ナフサ相当）を石油精製の製油所（㈱ジャパンエナジー水島製油所）に送り，水素化精製装置の商業装置を活用した実証試験が2004年度から開始された。その結果，原油からできる中間製品と共に通常の商業設備で精製され，生産されたナフサは石油化学会社に出荷され，石油製品として再生された[15)]。

引き続いて，廃棄プラスチックの熱分解油（軽質，中質，重質）に対して軽質油と同様にフィードストックリサイクルを行う検討を行った。本検討では，札幌市の油化処理プラントの廃プラ分解油を分留処理せずに熱分解油のままで水島製油所に持ち込んで検証を実施した。表5に熱分解油の性状を示す。熱分解油は重質留分を含有しているが，河西ら[16)]は水素化精製相当の条件を用いて熱分解油を処理することで，熱分解油に含まれる不純物を石油化学原料として必要なレベルにまで除去でき，フィードストックリサイクルへの適用が可能となることを明らかにした。

熱分解油の分留を行わずに石油精製所にフィードストックできることにより，廃棄プラスチックの熱分解油化プラントの簡素化が図られ，さらに油量が増大することでリサイクル効果が向上するため，熱分解油化プロセスの特長をより強化できる。

3. 3　既存の石油精製設備を活用した廃プラスチックのケミカルリサイクル

石油精製所において，廃棄プラスチックのケミカルリサイクルを行う取り組みが，東北大学等のグループによりNEDOの助成を受けて行われた[17)]。石油精製所を活用したケミカルリサイクルの手法の取組状況を図5に示す。本図では廃棄プラスチックリサイクルについて，以下の3

表5　熱分解油の性状（実用試験）

分析項目	分析方法	単位	測定値
密度	JIS K 2249		0.845
引火点	JIS K 2265		−
流動点	JIS K 2269	℃	35
残留炭素	JIS K 2270	℃	4.18
動粘度（50℃）	JIS K 2283	wt%	2.458
総発熱量	JIS K 2279	mm^2/s	44,750
セタン指数	JIS K 2280	kJ/kg	42.3
水分	JIS K 2275	wt%	0.005
全塩素	電量滴定法	ppm	3,600
無機塩素	水抽出イオンクロマトグラフ	ppm	3,300
反応性	JIS K 2252		中性
灰分	JIS K 2272	wt%	2.69
N	JIS K 2609	wt%	0.11
S	JIS K 2541	wt%	0.01
Cu	JIS K 0102	ppm	84
Cr	JIS K 0102	ppm	37
Fe	JIS K 0102	ppm	99
Zn	JIS K 0102	ppm	18
Mn	JIS K 0102	ppm	13
Ca	JIS K 0102	ppm	8,200
Al	JIS K 0102	ppm	150
Na	原子吸光分光法	ppm	200
Si	ICP 発光分光	ppm	2,000

つのルートが検証された。

① 廃プラスチックと原油蒸留残渣油を共熱分解して生成物製油所に投入（既設ディレイドコーカー利用）

② 上記共熱分解促進に向けた原料の前処理としての触媒技術の適用

③ 廃プラスチックを触媒分解プロセス技術により石化原料・中間製品化して製油所に投入

廃プラスチックのケミカルリサイクルにおいて経済性が成立するためには，設備規模の大型化が求められるが，反面，設備規模が大きくなると廃プラスチックの収集範囲が拡大し，集荷のための環境負荷が増大することとなる。したがって，装置規模と設置場所の最適化が求められる。

図6に国内の石油精製設備の立地状況を示す。国内における石油精製設備の立地状況は，主に関東圏から西日本に分布しているものの，人口100万人規模の主要都市圏をカバーしており，プラスチックの需要地，すなわち，主要都市近郊の製油所そのものが廃プラスチックの化学原料化施設として機能することが産業的にも事業的にも有利となる可能性があり，今後の普及が期待される。

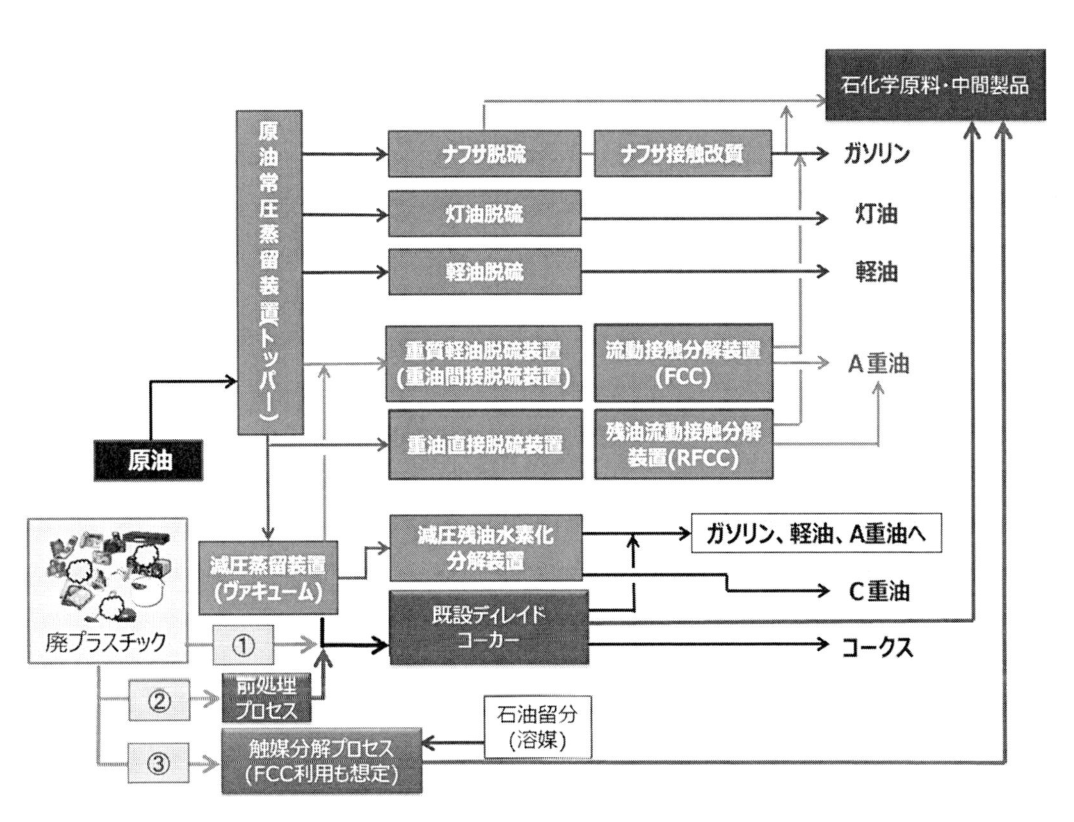

図５　既存の石油精製設備を活用した廃プラスチックの資源化ルート

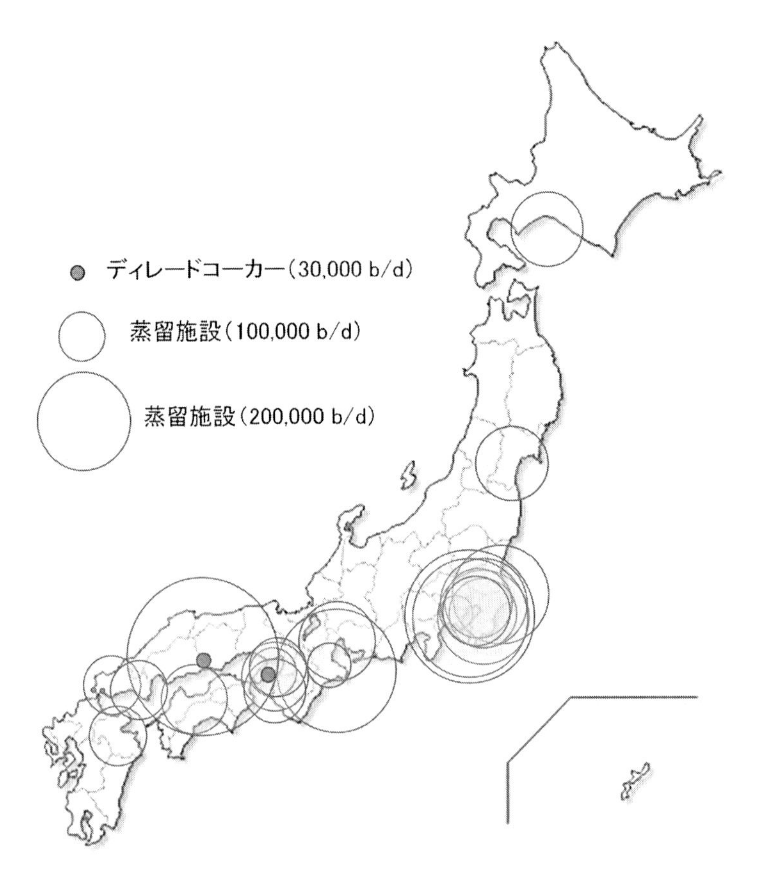

図6 日本国内におけるコーカー及び蒸留施設の立地

最後に，本稿は「プラスチックのケミカルリサイクル技術」[18]に投稿した記事を元に最新の情勢を加えて編集し直したものである。

文　　献

1) 「プラスチックリサイクルの基礎知識2024」，一般社団法人プラスチック循環利用協会，2024.7. 10
2) 「積水化学と住友化学，“ごみ”を原料としてポリオレフィンを製造する技術の社会実装に向け協力関係を構築することで合意」，日本経済新聞web，2020年2月27日 https://www.nikkei.com/article/DGXLRSP529797_X20C20A2000000/
3) 野間毅 他，「熱分解ガス化改質プロセスを用いた先進型廃棄物発電システムの開発」，日本

機械学会論文集B編，75巻，753号，1151-1156 2009年5月
4）神山 他「ポリスチレンモノマー還元装置の開発」，高分子学会予稿集，Vol.53，No.2，2004年9月1日
5）「中央化学，使用済みPSPトレーの完全リサイクル化技術を開発」，ケムネット東京，2002年2月28日
https://www.chem-t.com/cgi-bin/passFile/NCODE/686
6）「ケミカルリサイクル実証化設備建設の検討開始につきまして」，PSジャパン㈱プレスリリース，2020年12月18日，https://www.chem-t.com/fax/images/tmp_file1_1608255059.pdf
7）佐藤 芳樹ほか，「一般プラスチックの油化」，廃棄物学会誌，Vol.13, No.2, pp.99-106, 2002
8）橘 秀昭「ケミカルリサイクルの動向と将来展望 －廃プラスチックの油化技術を中心に－」プラスチックスエージ　臨時増刊，pp72-79，2003
9）福島正明「熱分解法による廃プラスチックの脱塩素処理と油化に関する研究」，東北大学博士学位論文 環博第56号
10）杉山・伊部 他「札幌プラスチックリサイクルプラントの開発と今後の油化フィードストックリサイクルへの取組み」，環境工学総合シンポジウム講演論文集 2002.12 (0)), 232-235，2002，一般社団法人 日本機械学会
11）多田和彦「その他プラスチックの油化技術」，環境技術，Vol.30, No.10, 2001
12）「プラスチックのケミカルリサイクルとその技術開発（上）（下）」，旭リサーチセンター，2020年5月
13）Toshiaki Yoshioka, Akitsugu Okuwaki *et al*. "High Selective Conversion of Poly (ethylene terephthalate) into Oil Using $Ca(OH)_2$", *Chemistry Letters*, Vol.33, No.3 (2004)
14）「千葉事業所で国内初の混合プラスチックを含む廃プラスチックリサイクルの実証検討を開始 油化技術と石油精製・石油化学装置を活用し，廃プラのリサイクルチェーン構築へ」，出光プレスリリース，2020年5月7日　https://www.idemitsu.com/jp/news/2021/210507_2.html
15）河西，白鳥，若尾，「石油精製設備を用いた廃プラスチックのフィードストックリサイクル」，FSRJ第7回討論会予稿集，47-48 (2004)
16）河西崇智，白鳥伸之，「油精製設備を用いた廃プラスチックのフィードストックリサイクル(重質留分を含む廃プラスチック分解油の水素化精製処理)」，プラスチックリサイクル化学研究会（FSRJ）第11回討論会予稿集，2008, 39-40
17）NEDO先導研究プログラム エネルギー・環境新技術先導研究プログラム「プラスチックの化学原料化再生プロセス開発」2020年度 委託先名：東北大学，東京大学，弘前大学，早稲田大学，一般財団法人石油エネルギー技術センター，ENEOS，出光興産株式会社
18）「プラスチックのケミカルリサイクル技術」，シーエムシー出版，2021年9月30日，ISBN978-4-7813-1616-1

第10章　Naにより酸性質を精密制御したゼオライト触媒によるLDPE分解

神田康晴*

はじめに

廃プラスチックにはポリエチレン（PE）とポリプロピレン（PP）がそれぞれ重量比で34.9%と23.9%[1]含まれている。これらを合わせると6割弱となることから，廃プラスチックの主成分は付加重合により生成するポリオレフィンであるといえる。ポリエチレンテレフタレート（PET）に代表される縮合重合により生成するプラスチックは，アルカリ水溶液などで加水分解が可能であり，これによりモノマー化できる[2]。また，PETボトルに限れば，回収とマテリアルリサイクルが進んでいる[3]。ポリオレフィンであっても，プラスチックの製品および加工や流通などで発生する廃プラスチックは構成するプラスチックの種類が明確であり，汚れが少なく，量が多いことからマテリアルリサイクルがされている[3]。一方で，我々のような一般消費者が使う幅広い製品に用いられるポリオレフィンのマテリアルリサイクルは，夾雑物の混入を回避できないために，困難である。また，主鎖がC-C結合のみで構成されているポリオレフィンを熱分解すると油化が可能であるが，結合がランダムに切断されるために生成物の炭素数分布が広くなる[2]。以上のことから，排出量が多く，選択的な反応が困難なポリオレフィン類をいかに効率よくケミカルリサイクルするかが課題となっている。

ケミカルリサイクルプロセスとして，株式会社レゾナックは廃プラスチックを約600℃の低温炉でガス化し，約1500℃の高温炉で合成ガスに転換しており，この方法で得られた水素を用いてアンモニアを合成している[4]。このプロセスでは触媒を使用していない[4]ため，触媒を使用することで反応温度の低減や生成物選択性を高めることが可能と考えられる。Uemichiらは炭素担持金属触媒を用いた低密度ポリエチレン（LDPE）分解反応により45%の収率で芳香族化合物が得られると報告している[5]。一方，近年ではゼオライトが触媒として広く使用されており，石油の重質成分の接触分解（FCCプロセス）に用いられるY型（USY）[6,7]をはじめとし，ZSM-5[8,9,10,11]や，Beta[12,13]が報告されている。とくに，ZSM-5は活性低下を引き起こすコーク析出量が少ない[8]ことから，プラスチック分解用触媒として優れていると考えられる。

ゼオライトとは，ケイ素（Si），アルミニウム（Al）および酸素（O）で構成される結晶性アルミシリケートである。これらの原子が酸化物を構成する際に4配位のSiが存在すべき場所に

* Yasuharu KANDA　室蘭工業大学　大学院工学研究科　しくみ解明系領域
化学生物工学ユニット　准教授

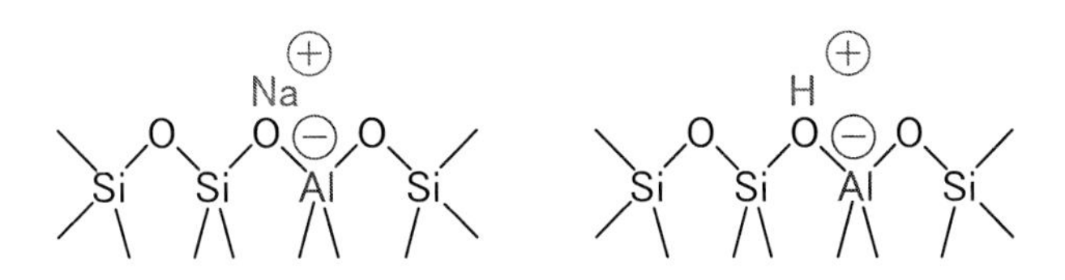

図1　ゼオライト中の陽イオン交換サイト
（左：Na型，右：H型）

Alが導入されることで，図1に示すAl近傍に負の電荷が過剰な状態が作られる。この負電荷を中和するため，Na^+やMg^{2+}などが陽イオンとして存在する。一方で，多くの場合，このままでは触媒としての機能を示さないが，この陽イオンをH^+とイオン交換することでBrønsted酸性を示す触媒になる。なお，Alを他の金属元素（Ga，Feなど）に置換することでもゼオライトを作ることができ，そのBrønsted酸の強度はAlの場合とは異なる。さらに，結晶構造の違いにより，ゼオライトは異なる細孔径を有しており，例えば，Y型は0.74 nm，ZSM-5は0.56 nmの細孔径を有する。

上道らは，Si/Al比が15，25，150および270のHZSM-5中のH^+をNa^+でイオン交換したNaZSM-5触媒が適度な酸性質を有しているため，LDPEからの低級オレフィン製造に高い活性を示すことを明らかにしている[10]。しかし，この研究ではNa含有量についての検討は詳細には行っていない。また，LDPEの分解反応は逐次的に進行し，低級オレフィンが得られた後に，これらが重合および脱水素環化することによって芳香族が生成すると報告されている[9]。一般に，重合・環化脱水素は強いBrønsted酸点で起こるため，ゼオライトの強いBrønsted酸点を選択的になくすことができれば，高い低級オレフィン選択性を示す触媒が調製可能である。また，イオン交換は平衡反応であるため，実験条件によりイオン交換率が変動しやすい。これらを踏まえると，導入するNa^+量を簡便な含浸法で制御し，強いBrønsted酸点をNa^+で優先的に置換できれば，高い低級オレフィン化活性を有する触媒が容易に調製できると推測される。さらに，比較的Si/Al比が低いZSM-5を用いることで，Na原子とBrønsted酸点を構成するAl原子のmol比（Na/Al比）を幅広く変えることができ，適切な酸性質を有する触媒が得られると考えた。本章では幅広いNa/Al比を有するNa/HZSM-5触媒を，硝酸ナトリウム（$NaNO_3$）を用いた含浸法で調製し，その酸性質とLDPE分解活性の関係について検討した結果について述べる。

1　Na/Al比が異なるNa/HZSM-5触媒の酸性質評価

1．1　アンモニア昇温脱離法によるNa/HZSM-5触媒の酸性質評価

Na/Al比が異なるNa/HZSM-5触媒の酸性質をアンモニア昇温脱離（NH_3-TPD）法で評価した。なお，NH_3の検出には熱伝導度検出器（TCD）を使用した。図2にこれらの触媒の

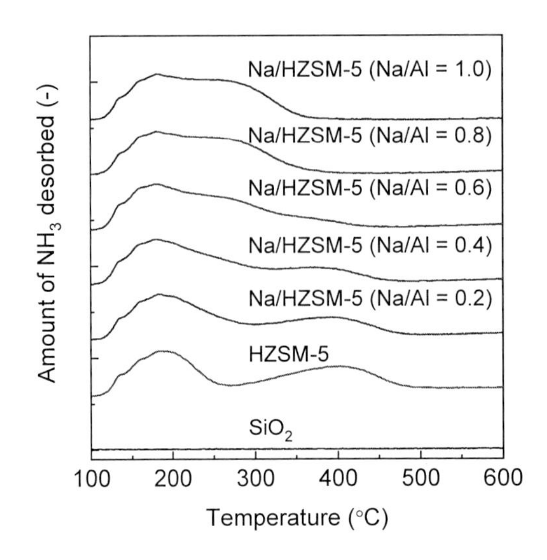

図2　Na/HZSM-5 触媒の NH_3-TPD プロファイル

NH_3-TPD プロファイルを示す。Na を含まない（Na/Al 比が 0 の）HZSM-5 では，190℃付近および 400℃付近に NH_3 の脱離ピークが観測された。190℃付近の NH_3 脱離ピークは水蒸気で除去できることから，Na^+や NH_4^+上に吸着した NH_3 種の脱離であるといわれている[14]。一方，400℃付近のピークは，Brønsted 酸点に吸着した NH_3 の脱離に起因する。Na/Al 比が 0.4 までは 400℃付近に NH_3 脱離ピークが確認された。また，Na/Al 比が 0.6 になると，この NH_3 脱離ピークは小さくなり，270℃付近に新たなショルダーピークが見られるようになった。Na/Al 比がさらに大きくなると，350℃付近にピークはほとんど見られなくなり，270℃のショルダーピークが大きくなることがわかる。このショルダーピークは，陽イオン交換サイト中の Na^+に吸着した NH_3 である[14]と報告されている。そのため，含浸法で Na を添加しても HZSM-5 中の H^+が Na^+とイオン交換され，Na/Al 比が大きくなると酸性質は著しく低下すると判断できる。しかしながら，270℃付近のピークには弱い酸点に吸着した NH_3 も含まれる可能性がある。したがって，酸触媒モデル反応も行うことで，酸性質に対する Na/Al 比の影響を詳細に検討する必要があると判断した。

1. 2　酸触媒モデル反応による酸性質の評価

2-プロパノール（2-PA）の脱水反応は Brønsted 酸点および Lewis 酸点上で進行することから，この反応に対する活性は触媒の全酸量を反映すると考えられる。パルス式反応装置を用いて反応を 200℃で行った際の Na/HZSM-5 触媒の 2-PA 分解活性を図 3 に示す。HZSM-5 触媒は非常に高い 2-PA 転化率を示したが，この触媒に Na を添加すると 2-PA 転化率は低下した。Na/Al 比が 0.4 までは緩やかに活性低下し，これ以上 Na/Al 比を大きくすると著しく活性が低下した。さらに，Na/Al 比 1.0 では 2-PA 転化率は 0%となったことから，この触媒はほとんど

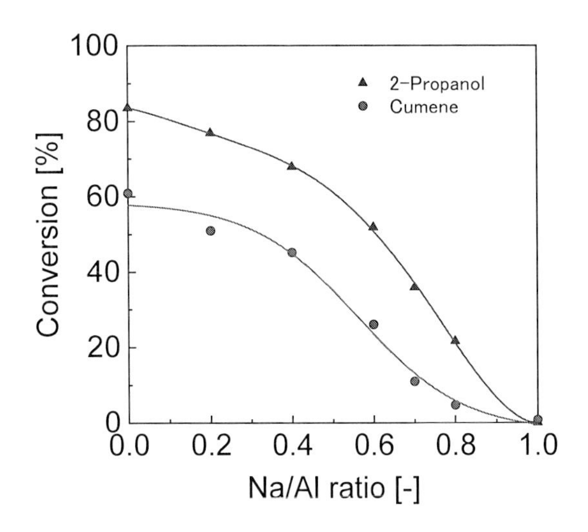

図3　Na/HZSM-5 触媒による 2-プロパノールおよびクメン分解反応の転化率に与える Na/Al 比の影響

酸性質を有していないことがわかる。このことから，Na/Al比が大きくなることで，全酸量は低下していることがわかる。

クメンの脱アルキル反応は比較的強いBrønsted酸点上で進行することが知られている。そのため，この反応に対する触媒活性からBrønsted酸性を評価することが可能である。反応温度250℃でのクメン分解反応に対するNa/HZSM-5触媒の活性も図3を示す。2-PA分解活性と同じく，クメン分解活性もNa/Al比0.4付近まで緩やかに低下し，その後は著しく低下した。とくに，クメン分解反応の転化率はNa/Al比0.8で5%以下，Na/Al比1.0では1%以下となり，高いNa/Al比ではBrønsted酸性が大幅に低下していることがわかった。NH_3-TPDプロファイルにおいて，Brønsted酸点に吸着したNH_3の脱離は高温側のピークとして観測されるため，この部分からBrønsted酸量を定量し，クメン分解活性を1つの酸点当たりの活性（TOF）として評価した。なお，本研究ではHZSM-5のBrønsted酸点に吸着したNH_3が脱離し始める265℃以上の面積を定量の対象とした。これらの結果を表1に示す。クメン分解反応のTOFは，Na/Al比が0のHZSM-5触媒において0.0047 min^{-1}であり，この値はNa/Al比0.4までは同等であった。一方，Na/Al比0.6以上でTOFは大きく低下した。ZSM-5中のBrønsted酸点の強度には分布があり，クメン分解活性が高いサイトと低いサイトがあるとする。もし，この活性が酸強度によって決まる（酸強度が高いとクメン分解反応のTOFは高い）場合，触媒のTOFはBrønsted酸点の強度を反映しているはずである。この考えを踏まえてデータを見ると，Na/Al比0.4までは強い強度のBrønsted酸点が残っているが，Na/Al比0.6ではおおむね強い強度のBrønsted酸点が消失し，強度の低いものが残っていることがわかる。これは，図2のNH_3-TPDプロファイルにおいてNa/Al比0.6の触媒で高温側のピークが明確には見られなくなっていることとも一致する。以上のことから，HZSM-5にNaを含浸法で添加することにより，酸

表1　NH_3-TPDで観測された酸量（265℃～500℃）とクメン分解反応のTOF

Na/Al ratio (—)	Amount of acid sites (μmol g^{-1})	TOF for cumene cracking (min^{-1})
0.0	206.9	0.0047
0.2	168.6	0.0048
0.4	138.3	0.0052
0.6	119.5	0.0035
0.8	97.5	0.0008
1.0	93.5	0.0001

性質を精密に制御できることがわかった。

2　Na/HZSM-5触媒によるLDPE分解反応

2. 1　LDPE分解反応の生成物概観

LDPE分解反応はバッチ式反応装置を用いて行った。0.5 gのLDPEを455℃で熱分解し，その生成物を10 mL/minの窒素により525℃に加熱した触媒層（0.1 g）へ送ることで接触分解を行った。生成物は水素，炭素数1～4の炭化水素をガス，炭素数5以上の液体状炭化水素を液体，触媒層下部の付着物を残渣，触媒層上部の付着物をワックスに分類した。また，触媒中に堆積したコーク収率は熱重量分析（TG）により求めた。収率は重量基準で分析を行い，合計収率

表2　Na/HZSM-5触媒によるLDPE分解反応の生成物

Catalyst	Yield (%)					
	H_2	Gas C_1-C_4	Liquid C_5-C_{20+}	Wax	Coke	Residue
HZSM-5	0.57	67.65	29.06	1.43	0.40	0.90
Na/HZSM-5 Na/Al=0.2	0.48	67.57	29.57	1.62	0.36	0.51
Na/HZSM-5 Na/Al=0.4	0.42	65.12	31.85	1.41	0.31	0.89
Na/HZSM-5 Na/Al=0.6	0.36	71.10	26.05	1.79	0.22	0.49
Na/HZSM-5 Na/Al=0.7	0.24	66.78	30.35	2.11	0.17	0.35
Na/HZSM-5 Na/Al=0.8	0.18	61.53	34.47	2.54	0.10	1.18
Na/HZSM-5 Na/Al=1.0	0.09	30.43	65.26	2.71	0.01	1.50
SiO_2	0.05	19.76	77.56	2.50	0.00	0.13

が95%～105%のデータのみ採用した。ここでは議論がしやすいように，それぞれの収率を補正することでこれらの合計を100%としたデータを掲載する。

酸性質を精密に制御したNa/HZSM-5を用いてLDPE分解反応を行った結果を表2にまとめた。HZSM-5を触媒として用いるとガス収率は67.65%となり，液体収率は29.06%であった。この触媒にNaを添加するとNa/Al比0.7までは同等の収率が得られた。また，Na/Al比を0.8以上にするとガス収率は低下し，とくにNa/Al比が1.0では30.43%と非常に低くなることがわかる。さらに，Na/Al比が大きくなるとコーク収率は低下し，ワックス収率は増加した。分子量が大きいワックスの収率増加から，Na/Al比の増加によりC-C結合の分解活性は低下していることがわかる。

2. 2　生成物炭素数分布

Na/Al比が異なるNa/HZSM-5触媒を用いてLDPE分解反応を行った際の炭素数分布を図4に示す。炭素数3および7付近に2つのピークが見られ，とくに炭素数3付近の収率が高いことがわかる。Na/Al比を0.6まで上昇させると炭素数3～5の収率が向上し，炭素数7付近の収率は低下した。また，酸性質が非常に低いNa/Al比1.0の触媒では，炭素数3の収率は12%と非常に低かった。この触媒では炭素数7付近の収率が非常に高いことからも，Na/Al比が1.0になると分解活性は著しく低下することがわかる。

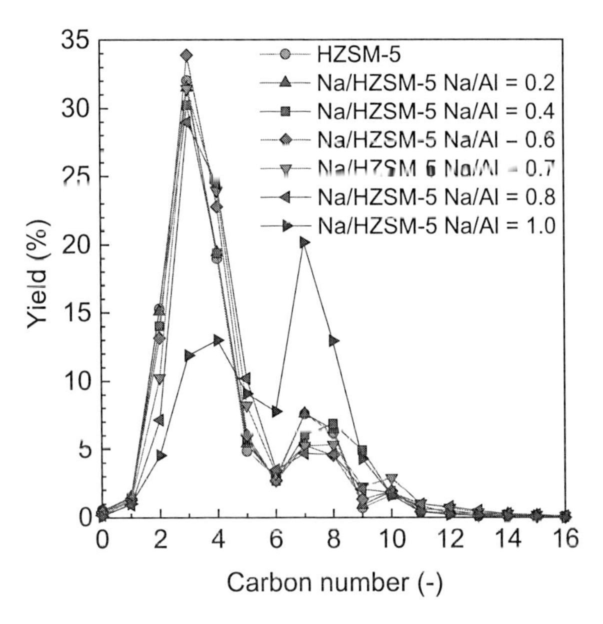

図4　Na/HZSM-5触媒によるLDPE分解反応の生成物炭素数分布
（炭素数0はH_2を示す）

2. 3 低級オレフィン収率

Na/HZSM-5触媒を用いると，炭素数2～5の低級炭化水素としてオレフィンとパラフィンが得られた。なかでも，工業的に低級オレフィンは有用であるため，その収率に与えるNa/Al比の影響について検討した。表3にこの結果を示す。PEの原料になるエチレンの収率は，Naを添加していないHZSM-5で最大12.94%となり，Na/Al比が大きくなると低下した。とくにエチレン収率はNa/Al比0.6まで緩やかに低下し，さらにNa/Al比が0.7以上になると著しく低下した。一方で，PPの原料になる炭素数3のプロピレンの収率は，Na/Al比0.6で29.66%と最大となった。炭素数4のブテン類では，Na/Al比が0.8で最大となった。また，炭素数2～5の低級オレフィン収率は，Na/Al比0.6～0.8で最大約65%が得られた。さらに，工業的需要が高い炭素数2～4に限ってオレフィン収率をまとめると，Na/Al比0.6で59.9%，Na/Al比0.7で58.5%，Na/Al比0.8で55.6%となった。AlがすべてBrønsted酸点の発現に使用されているとすると，Si/Al比40のHZSM-5中に含まれるH^+の60%をNa^+でイオン交換することで，高いLDPEの低級オレフィン化活性が得られることがわかった。さらに，低級オレフィン収率と低級パラフィン収率の比（O/P比）は，Na/Al比0.8で最大となった。

2. 4 水素および芳香族収率

LDPEのH/C比は2であるため，H/C比が1であるベンゼンのような芳香族化合物が生成すると同時に水素が生成する。したがって，ベンゼン，トルエンおよびキシレン（BTX）に代表される芳香族収率は水素収率と同様の傾向で変化すると推測される。これらの生成物収率とNa/Al比の関係を図5に示す。水素収率はNa/Al比を大きくすることで著しく減少し，とくに

表3 Na/HZSM-5触媒によるLDPE分解反応の低級オレフィン収率とオレフィン/パラフィン（O/P）比

Catalyst	C_2–C_5 olefins yield（%）				O/P ratio (—)
	C_2	C_3	C_4	C_2–C_5 total	
HZSM-5	12.94	22.37	12.13	50.47	2.45
Na/HZSM-5 Na/Al=0.2	12.72	23.65	13.46	53.41	2.96
Na/HZSM-5 Na/Al=0.4	11.85	24.16	14.54	54.58	3.70
Na/HZSM-5 Na/Al=0.6	11.38	29.66	18.91	64.57	5.74
Na/HZSM-5 Na/Al=0.7	8.59	28.48	21.01	64.95	7.35
Na/HZSM-5 Na/Al=0.8	5.91	26.95	22.44	64.43	10.14
Na/HZSM-5 Na/Al=1.0	3.03	10.65	11.60	33.73	7.07
SiO_2	4.65	4.93	4.35	18.05	3.81

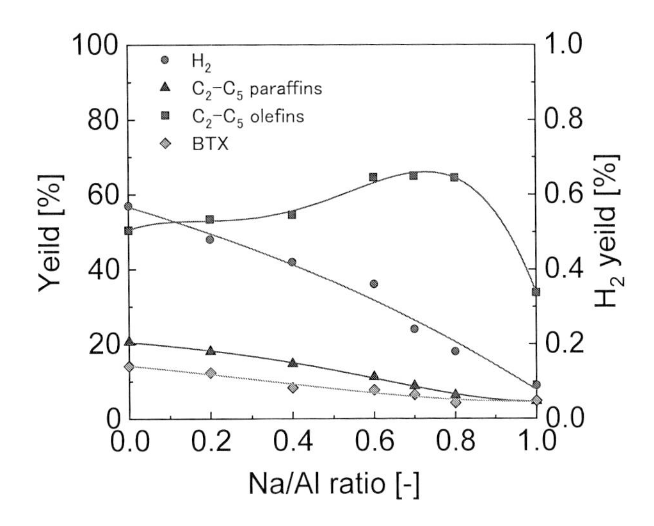

図5　Na/HZSM-5触媒によるLDPE分解反応の生成物収率に与えるNa/Al比の影響

Na/Al比が1.0の触媒では，ほとんど水素の生成を確認することはできなかった。さらに，BTX収率も同様にNa/Al比が大きくなると低下した。また，いずれのNa/Al比においても，BTX収率は炭素数2～5のオレフィン収率よりも著しく低く，炭素数2～5のパラフィン収率よりもわずかに低いか同等程度であった。

3　Na/HZSM-5触媒によるLDPE分解の反応機構

3. 1　LDPEの熱分解反応生成物

本研究では，LDPEを455℃で熱分解し，その生成物を接触分解することで低級オレフィン化している。そこで熱分解生成物について確認するため，石英砂（SiO_2）を触媒層に充填し，反応を行った。このSiO_2は図2のNH_3-TPDに示すように，どの温度域でもNH_3の脱離を確認できなかったため，酸性質を有していないことがわかる。SiO_2を用いてもガス収率はわずか19.76%であり，生成物の大部分が液体（収率77.56%）であった（表2）。さらに，SiO_2へのコークの堆積も確認できなかった。また，SiO_2を用いた際の炭素数分布はNa/HZSM-5触媒とは異なり，ブロードなものとなった（図6）。前述のようにSiO_2は酸性質を有していないため，この生成物分布は熱分解の結果を反映しており，Na/HZSM-5（Na/Al比1.0）触媒の生成物分布とは大きく異なる。したがって，Na/Al比1.0の触媒であっても，Na^+によるBrønsted酸点のイオン交換が不十分であるためにわずかに酸性質を有しているか，もしくはZSM-5の細孔構造が触媒活性の発現に関与している可能性などが考えられる。また，SiO_2を用いた際の炭素数2～5のオレフィン収率を表3に示す。低級オレフィン収率の合計はわずか18.05%であり，これはNa/HZSM-5触媒の場合よりも著しく低かった。

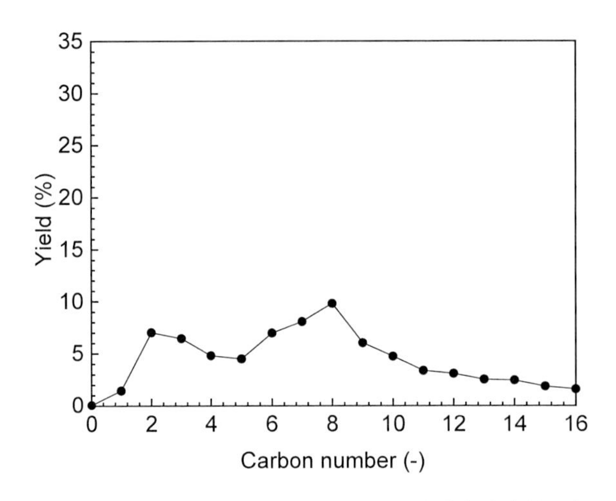

図6　SiO_2 触媒による LDPE 分解反応の生成物炭素数分布

3. 2　Na/HZSM-5 触媒による熱分解生成物の接触分解反応機構

LDPE を熱分解することでジエン，オレフィンおよびパラフィンが生成することがわかっている[15]。このジエンとオレフィンに H^+ を付加するとカルベニウムイオン機構による β 開裂が進行し，生成物としてオレフィンが得られる。カルベニウムイオンの安定性は 3 級＞2 級＞1 級となるため，比較的，安定性が高い 2 級カルベニウムイオンからは炭素数 3 のプロピレンが最小の生成物となる。したがって，Na/Al 比が 0 から 0.8 の Na/HZSM-5 触媒では，主にこの反応が進行するため，炭素数 3 の収率が最大となったと説明できる。

一方で，前述のようにエチレンは熱分解で得られるか，強い Brønsted 酸点からパラフィンへプロトン付加することで生成するカルボニウムイオン中間体を経由して得られる可能性がある[16]。図 2 に示した NH_3-TPD プロファイルおよび表 1 に示したクメン分解反応の TOF より，Na/Al 比が 0.8 以上では残存する Brønsted 酸点の強度が低下していることがわかる。そのため，Na 添加により HZSM-5 の強い Brønsted 酸点がイオン交換されることで，Na/Al 比が増加することでエチレン選択性が低下したと考えられる。これに対して，酸性質が全くない SiO_2 でもエチレンの生成が確認され（表 3），このエチレン収率は Na/Al 比が 0.8 および 1.0 の触媒の場合とほとんど同じであった。したがって，これらの触媒を用いた際のエチレンの生成は，主に熱分解に起因すると考えられる。

先にも述べたように，LDPE の分解反応において低級オレフィンが生成した後に重合および脱水素環化反応が進行することで BTX が生成すると報告されている[9]。したがって，強い Brønsted 酸点の H^+ が Na^+ にイオン交換されることで BTX 化が抑制され，これに伴って水素生成量も減少していることが明確にわかる。また，この際に触媒表面で引き抜かれた水素種がオレフィンと反応することで，パラフィンが生成する。そのため，酸性質の低下により BTX 化が抑えられることで，同時にパラフィン収率も低下する傾向がみられる。一方で，Na/Al 比 1.0 の触媒は酸性質が非常に低く，熱分解オレフィンを分解できないために，オレフィン収率が非常に低くなる。これらのことから，2.3で述べたように炭素数2～5のO/P比はNa/Al比0.8で最大となったと説明できる。

本研究では，炭素数2～5のオレフィン収率が高く，なおかつ工業的に有用なエチレンやプロピレンが高収率で得られるNa/Al比0.6の触媒が最適であると判断した。NH_3-TPDとクメン分解活性のTOFの結果から，この触媒は適度なBrønsted酸性質を有しており，C-C結合の分解を進めながらもBTXが生成しにくいため，高いオレフィン収率が得られたと考えられる。

おわりに

本稿では，Si/Al比が40のHZSM-5にNaを添加したNa/HZSM-5触媒の酸性質とLDPE分解活性の関係について紹介した。含浸法でNa添加をする簡便な方法であっても，HZSM-5の酸性質を精密制御可能なことがキャラクタリゼーションの結果より明らかになった。Na/Al比0.6～0.8の触媒がLDPEの低級オレフィン化に高い活性を示し，とくにNa/Al比0.6の触媒で高いエチレンおよびプロピレン収率が得られた。今後のケミカルリサイクル技術のブレークスルーに期待するのと同時に，本成果の一部でも，廃プラスチックのリサイクルプロセスの実現に資することができれば本望である。

文　　献

1）プラスチック循環利用協会，プラスチックリサイクルの基礎知識，2024/11/13閲覧，https://www.pwmi.or.jp/pdf/panf1.pdf
2）府川伊三郎，*触媒*，**65**(2), 120(2023)
3）冨田斉，*表面技術*，**73**(12), 580(2022)
4）栗山常吉，*触媒*，**65**(2), 132(2010)
5）Y. Uemichi, Y. Makino, T. Kanazuka, *J. Anal. Appl. Pyrolysis*, **14**, 331(1989)
6）増田隆夫，向井紳，秋山崇，藤方常博，橋本健治，*化学工学論文集*，**21**(6), 1133(1995)
7）O. Rogala, K.A. Tarach, L. Lakiss, A. Kordek, V. Valtchev, J.-P. Gilson, K. Góra-Marek, *Appl. Catal. B Environ.*, 365, 124893(2025)
8）Y. Uemichi, M. Hattori, T. Itoh, J. Nakamura, M. Sugioka, *Ind. Eng. Chem. Res.*, **37**, 867(1998)
9）K. Takuma, Y. Uemichi, A. Ayame, *Appl. Catal. A Gen.*, **192**, 273(2000)
10）上道芳夫，加賀慎之介，神田康晴，*ファインケミカル*，**46**(12), 44(2017)
11）T. Fukumasa, Y. Kawatani, H. Masuda, I. Nakashita, R. Hashiguchi, M. Takemoto, S. Suganuma, E. Tsuji, T. Wakaihara, N. Katada, *RSC Sustain.*, in press

12) M. Matsushita, M Sakai, E. Miura, T. Omata, T. Kamo, M. Matsukata, *ACS Sustainable Resour. Manage.*, in press
13) S. Kokuryo, K. Tamura, S. Tsubota, K. Miyake, Y. Uchida, A. Mizusawa, T. Kubo, N. Nishiyama, *Catal. Sci. Tech.*, **14**, 3589 (2024)
14) 丹羽幹，片田直伸，*表面科学*，**24** (10), 635 (2003)
15) H. Bockhorn, A. Hornung, U. Hornung, D. Schawaller, *J. Anal. Appl. Pyrol.*, **48**, 93 (1999)
16) Y. Wang, T. Yokoi, T. Tatsumi, *Microporous Mesoporous Mater.*, **358**, 112353 (2023)

市 場 編

第１章　プラスチックによる環境汚染問題と各国の取り組み

シーエムシー出版　編集部

1　プラスチックによる環境汚染の現状

1.1　地球温暖化問題とプラスチック

石油から製造されるプラスチックは，熱や圧力を加えることで人々が思い描く形に加工できる。さらに軽量かつ丈夫なプラスチックはさまざまな工業製品に使用され，人々の生活を豊かにする。しかし，その一方でプラスチックは深刻な環境問題を引き起こしている。

経済協力開発機構（OECD）が2022年2月22日に発表した「世界のプラスチックに関する課題と政策提言報告書」によると，世界のプラスチックの年間生産量は2000年の2億3,400万トンから，2019年には4億6,000万トンへと倍増し，プラスチック廃棄物も2000年の1億5,600万トンから，2019年には3億5,300万トンへと倍増している。リサイクル時のロスを考慮すると，最終的にリサイクルされたプラスチック廃棄物はわずか9％で，19％は焼却，約50％が埋め立て処分となったと推測される。残りの22％は，管理されていないゴミ捨て場への投棄や，野外地で焼却されたり，環境中に流出したりしている。

新型コロナウイルス・パンデミックのもと，プラスチック消費量は2019年の水準から2.2％減少する一方，使い捨てプラスチック廃棄物が増加，感染防止具や使い捨てプラスチックの使用が増加した。また，経済が回復するにつれて，プラスチック使用量は再び増加に転ずるとみられている。

プラスチックの生産には化石燃料が使用されており，これは温室効果ガスの排出につながっている。また，プラスチック廃棄物が燃焼される際には，さらに多くのCO_2が排出されており，2050年にはプラスチック産業がCO_2排出量の20％を占めると予測されている。それに伴い，カーボンバジェット（地球の気候や環境に深刻なダメージを及ぼさない範囲で，今後出してもよいとされる温室効果ガスの上限の量）においてプラスチックが占める割合は2014年が1％であるのに対し，2050年には15％にまで上昇すると予想されている（表1）。

表1　BAUシナリオにおけるプラスチック量の拡大，石油消費量

	2014年	2050年
プラスチック生産量	311百万トン	1,124百万トン
世界の石油消費量に対するプラスチックのシェア	6%	20%
カーボンバジェットに対するプラスチックのシェア	1%	15%

引用）資料：THE NEW PLASTICS ECONOMY RETHINKING THE FUTURE OF PLASTICS. 環境省の令和元年版『環境白書・循環型社会白書・生物多様性白書』より

＊ BAUシナリオ：Business as Usual，現況年度（2019年度）付近の対策のままで2050年まで推移することを想定したシナリオ（環境省）。

1.2　海の生態系の破壊と海洋汚染

1.2.1　生態系破壊の原因

海の生態系を破壊する原因は複数存在するが，主な要因は次の5つである。

(1) 生態系を劣化させる物理的改変

沿岸域は海岸線をはさんだ陸域・海域のある一定の幅をもつ範囲を指している。沿岸域環境の特徴は，生命の起源であり，生存の基盤である水の陸‐海‐空の循環を通して多くの生物が暮らしていることである。沿岸域は，最も環境や生物の多様性が高い反面，人間活動の影響を受けやすい場所でもある。埋め立てや工事，表土の流失や，海と陸のつながりを断ち切る構造物（魚が遡上できないような砂防ダムなど）などの存在が，生物にとって沿岸域を棲みづらい環境に変えてしまう。

(2) 漁業に関する問題

魚介類は，人間にとって大切な海の恵みであるが，獲りすぎればその種が減るばかりか，生態系全体のバランスが崩れる恐れすらある。乱獲による資源の枯渇，生態系バランスの悪化，希少種の混獲，利用者であるとともに環境保全の担い手でもある漁業者の減少など，漁業に関する問題も堆積している。

(3) 外来種の問題

もともと地域に生息していなかった生物（外来種）が，在来の生物を食い荒らしたり，駆逐したりすることにより，在来の生態系が変化し，生態系サービスの劣化が起こることがある。国内では「干潟のブラックバス」とも称されるサキグロタマツメタが各地で急激に分布を広げ，アサリなどの二枚貝を食い荒らす捕食者となっており，潮干狩りや養殖に大きな被害が出ている。

(4) 気候変動の影響

気候変動の影響は国内外で顕在化している。海流の変化により今まで獲れていた魚が取れなくなったり，海水温が上昇することでサンゴ礁の白化現象が世界規模で発生したりしている。

(5) 海洋汚染

海洋汚染は最も深刻な問題の１つである。最大の原因はプラスチック廃棄物やマイクロプラスチックによるものである。プラスチックは水に溶けないため，それを食べた魚を人間が食することで人間の健康に被害を及ぼすリスクも高まっている。

1. 2. 2　プラスチックによる海洋汚染の現状

プラスチックをはじめとする海に投棄された海洋ごみが原因で，年間100万羽もの海鳥や10万頭もの海洋哺乳類，海ガメなどの命が奪われていると指摘されている。2019年にG20大阪サミットが開催され，海洋プラスチックごみに関して2050年までに追加的な汚染をゼロにすることを目指す「大阪ブルー・オーシャン・ビジョン」がG20首脳間で共有された。

世界のプラスチック生産量は急速に増大しており，1950年以降生産されたプラスチックは83億トンを超えている。また，生産の増大に伴い廃棄量も増えており，63億トンがごみとして廃棄されたといわれている。現状のペースでは2050年までに250億トンのプラスチック廃棄物が発生し，120億トン以上のプラスチックが埋め立て・自然投棄されると予測されている。また，2018年６月に発表された国連環境計画（UNEP）の報告書によれば，2015年における世界のプラスチック生産量を産業セクター別に見ると，ワンウェイのものを含む容器包装セクターのプラスチック生産量が最も多いとされており，全体の36%を占めているとされている。

人間の生活に大きな利便性をもたらしているプラスチックも，資源循環の分野では不適正な管理などにより海洋に流出した海洋プラスチックごみが世界的な課題となっており，海洋プラスチックごみは生態系を含めた海洋環境の悪化にとどまらず，海岸機能の低下，景観への悪影響，船舶航行の障害，漁業や観光への影響など，様々な問題を引き起こしている。プラスチックは自然分解がされにくく，一度海に流出してしまうと波や風などにより徐々に砕けていくものの，長年原型を保ったまま残り続けてしまう。分解にかかる時間はプラスチックの種類にもよるが，たとえばペットボトルは分解に400～450年もの時間がかかると推定されている。

海洋プラスチックごみの発生源は主に２つ存在している。１つは，漁業やマリンレジャーなど，海域で使用されるプラスチック製品が直接海域に流出するケースである。もう１つは，社会生活や経済活動に伴い陸域で発生したプラスチックごみの一部が，廃棄物処理制度により回収されず，意図的・非意図的に環境中に排出された後，雨や風に流され，河川などを経由して海域に流出するケースである。

漁業に使われる網や釣りに使われるテグスなど海底など水中に放置・放出された漁具が，人の管理を離れて長期間水生生物を捕獲するゴースト・フィッシング（幽霊漁業）は，海洋環境の汚染だけでなく，漁業者に経済的なダメージを与え，航海の安全も脅かすなど様々な影響を及ぼしている。

一方，陸上から流出したプラスチックごみは，海岸での波や紫外線などの影響を受けることにより，小さなプラスチックの粒子となる。これらのプラスチック粒子は，細かくなっても自然分解することはなく，数百年間以上もの間，自然界に残り続けると考えられている。特に5 mm以下になったプラスチックは，マイクロプラスチックといわれ，近年ではマイクロプラスチック問題が世界的に注目を浴びている。

マイクロプラスチックには，洗顔料や歯磨き粉などのスクラブ剤に含まれる小さなビーズ（マイクロプラスチックビーズ）など製造時点ですでに細かいプラスチックである一次マイクロプラスチックと，ビニール袋やペットボトルなどのプラスチック製品が，太陽の紫外線や波の作用など外的な刺激を受けて細かくなった二次マイクロプラスチックがある。

オーストラリア連邦科学産業研究機構（CSIRO）が2017年に実施した調査によると，世界の海底に溜まっているマイクロプラスチックの量は，推定1,400万トン以上あるとの結果が出ている。また，2019年には，九州大学，東京海洋大学および寒地土木研究所の共同研究チームが発表した太平洋のマイクロプラスチック浮遊量についての研究論文では，太平洋全域のマイクロプラスチック浮遊量は，2030年には2019年の2倍，2060年には4倍になると予測されており，今後さらなるマイクロプラスチック堆積量の増加が懸念されている。さらに，プラスチックが廃棄されない北極や南極でもマイクロプラスチックが観測されており，海洋汚染は地球規模で広がっている。

2　国内外のプラスチック関連規制動向

2. 1　プラスチックをめぐる国際的な動き

日本が提唱した，2050年までに海洋プラスチックごみによる追加的な汚染をゼロにすることを目指す「大阪ブルー・オーシャン・ビジョン」は，2022年9月時点で世界87の国や地域で共有された。また，同年3月にはケニアで開催された「第5回国連環境総会（UNEA5.2：United Nations Environment Assembly）において，海洋プラスチック汚染をはじめとするプラスチック汚染対策に関する決議が採択され，法的拘束力のある新たな条約を議論するための政府間交渉委員会（INC：Intergovernmental Negotiating Committee）の設置が決定された。さらに2023年5月に広島サミットにおいて2040年までに追加的なプラスチック汚染をゼロにする野心を持って，プラスチック汚染を終わらせることにコミットするなど，海洋プラスチック問題への取り組みは進展している。

プラスチックごみの増加による環境汚染問題は深刻化しており，世界中の国や企業が様々な対策に取り組んでいる。世界では，日本に先駆けてプラスチック製品の使用禁止が行われている。

EUでは「EUプラスチック戦略」のもと，リサイクルの推進やプラスチックごみの削減，循環経済の実現に向けた投資・イノベーションの拡大などに取り組んでおり，2030年までにEU内のすべてのプラスチック包装材をリユース・リサイクルすることを目指している。2021年7月にはプラスチック製品の使用を制限する規制が施行されて，多くの使い捨てプラスチック製品が禁止され，代替品の使用が奨励されている。

米国では，多くの州がプラスチック製品の使用を制限する法律を制定しており，プラスチックストロー・マドラーの使用禁止や再生プラスチック比率記載が義務づけられている。また，マイクロプラスチックの1つであるマイクロビーズを削減するため，これを含む洗顔料や歯磨き粉の製造・販売が禁止されている。カリフォルニア州では2021年1月，使い捨てプラスチック製品の使用が禁止された。

東アジアにおいても，中国が2020年に使い捨てプラスチック製品の使用を禁止しており，2025年までに食品包装用プラスチックの使用を大幅に削減することを目指している。また，韓国でも2021年に使い捨てプラスチック製品の使用が制限されている。

東南アジアでは，タイで2021年に，マレーシアでは2020年にプラスチック製品の使用を制限する法律が施行されている。さらに，フィリピンやインドネシアなどの国々もプラスチック規制を強化している。

アフリカでは2020年，ナイジェリアがプラスチック製品の製造，輸入，販売，使用に対する厳しい規制を施行したのをはじめ，ケニアではプラスチック製品の使用を制限する法律が制定され，エチオピアではプラスチック製品の廃棄に関する新しい規制が導入されている。他の国々でも同様の動きが見られ，アフリカ全体でプラスチック汚染を減らすための取り組みが進められている。

中東地域では，サウジアラビアで2022年にプラスチック製品の使用を制限する法律が施行され，特定のプラスチック製品の製造，輸入，販売を禁止し，代替素材の使用を奨励している。また，アラブ首長国連邦（UAE）をはじめ各国でプラスチック製品の使用を制限する法律が導入されている。

南米のブラジルでは，2020年に「プラスチックの使用を制限する法律」が施行され，一部のプラスチック製品の製造と輸入が禁止され，他の製品には使用量の制限が設けられた。また，アルゼンチンやコロンビアなど他の南米諸国でも，プラスチック廃棄物の削減とリサイクルの促進を目指して，様々な規制を導入している。

一方，廃プラスチック問題でも，最大の受け入れ国であった中国が2021年12月，海外からの生活由来の廃プラスチックの輸入を禁止している。これは中国ショックと呼ばれ，世界中に大きな影響をもたらした。日本でも2011年以降，廃プラスチックの半分以上を中国へ輸出する状況が続いており，日本以外のヨーロッパ，米国などの先進国も廃プラスチックを中国へ輸出していた。これらの廃プラスチックは，中国国内でリサイクルされて再び海外へ輸出される構造となっていた。

中国では石油を輸入してプラスチック製品をつくるよりも，廃プラスチックを輸入してリサイクルするほうがコスト的に安価であったことから，海外から輸入したペットボトルなどを国内でぬいぐるみやベッドの中綿などにリサイクルしていたが，経済成長とともに自国のプラスチックごみの管理も難しくなってきたことから廃プラスチックの輸入を禁止している。

中国が廃プラスチックの輸入を禁止したことで，日本をはじめ各国からの廃プラスチックの輸出先は，東南アジア（タイ，ベトナム，マレーシア）や台湾などに向かったが，いずれの国や地域も2018年7月以降，廃プラスチックの輸入基準を厳格化したため輸出量は減少し，受入拒否も相次いだ。今後も廃プラスチックの受け入れ先が現れる可能性はほとんどないため，各国とも廃プラスチックの自国内処理に取り組まざるを得なくなっている。

2019年5月スイスで開催されたバーゼル条約第14回条約国会議（COP14）で「リサイクルに適さない汚れたプラスチックごみ」を規制対象に追加する改正案が決議され，バーゼル法の改正が発表されている。法改正以前は，廃プラスチックは規制の対象外であったが，改正後はリサイクルに適したきれいなプラスチックごみの範囲を明確化し，基準に合わない廃プラスチックは「規制対象」とし，輸出する前に輸入国の同意が必要となっている。バーゼル条約は2021年1月から施行され，プラスチックごみの国境を越えた移動は制限されており，これまで以上に有害廃棄物の削減，自国内で適切に処理するための仕組みづくりに取り組んでいく必要が生まれている。

2. 2 日本国内での取組み

日本では，海洋プラスチックごみ問題，気候変動問題，諸外国の廃棄物輸入規制強化の幅広い課題に対応するため，2019（令和元）年5月に「プラスチック資源循環戦略」が策定され，3R（Reduce，Reuse，Recycle）＋ Renewableの基本原則と，6つの野心的なマイルストーンを目指すべき方向性として掲げられた（表2）。また，同年6月に行われたG20大阪サミットにおいて，本戦略も含めて日本の対策を各国に発信し，2050年には新たに海洋汚染をゼロとすることを目指す「大阪ブルー・オーシャン・ビジョン」が共通のグローバルなビジョンとして共有されている。

基本原則として，リデュース等では，ワンウェイプラスチックの使用削減と石油由来プラスチック代替品の開発，利用の促進が掲げられており，ワンウェイプラスチックの使用削減では，

表2　プラスチック資源循環促進法の6つのマイルストーン

リデュース	・2030年までにワンウェイプラスチック累計25%排出抑制
リユース・リサイクル	・2025年までにリユース・リサイクル可能なデザインに ・2030年までに容器包装の6割をリユース・リサイクル ・2035年までに使用済プラスチックを100%リユース・リサイクル等により，有効利用
再生利用・バイオプラスチック	・2030年までに再生利用を倍増 ・2030年までにバイオマスプラスチックを約200万トン導入

レジ袋有料化の義務化等の価値づけがうたわれている。レジ袋の有料化については2020年7月から取り組みがはじまっている。

リサイクルでは，プラスチック資源のわかりやすく効果的な分別回収・リサイクルと漁具等の陸域回収の徹底が提示されている。また，連携協働と全体最適化によりリサイクル費用の最小化と資源有効利用率の最大化を図ること，国内資源循環体制を構築すること，イノベーション促進型の構成・最適なリサイクルシステムを構築することが掲げられている。

一方，再生材・バイオプラ戦略では技術革新やインフラの整備・支援による利用可能性の向上，需要喚起策の促進が掲げられているほか，可燃ごみ指定袋などへのバイオプラスチックの使用推進などが提示されている。

海洋プラスチック対策としては，プラスチックごみの回収・適正処理の徹底，環境中に排出されたごみの回収，海洋流出しても影響の少ない素材（海洋生分解性プラスチック，紙等）の開発・素材転換，マイクロプラスチック流出抑制対策，途上国等における海洋プラスチックごみの効果的な流出防止に貢献，海洋プラスチックごみの実態把握や科学的知見の充実などにより，海洋プラスチックゼロエミッションを目指すとしている。

第2章　欧州におけるプラスチック資源循環をめぐる動向

シーエムシー出版　編集部

1　プラスチック資源循環をめぐる法規制

1．1　EUの動向

欧州委員会は1994年に，リサイクル難易度の高いプラスチック包材廃棄物に関して，「容器包装と容器包装廃棄物に関する指令」を制定している。2018年に定められた目標値では，EU各国一律で，2025年までにプラ包材のマテリアルリサイクル率50%，2030年までに55%を達成することが設定されている。また，欧州委員会は「欧州グリーン・ディール」，「欧州新産業戦略」，その行動計画である「新循環型経済行動計画」を2020年に公表しており，EUが循環型経済モデルに移行し，従来よりも包材の設計や製造，再利用可能な代替品素材の使用を含むライフサイクルに焦点をあて，2030年までにすべての包材を再利用やリサイクル可能とすることを目指している。

それに伴い，2021年7月には特定の使い捨てプラスチック製品と，オキソ分解性プラスチック（酸化型分解性プラスチック）製の全製品の市場流通を禁止することなどを盛り込んだ新規則（「使い捨てプラスチック製品の製造・販売の禁止に関する規則」）が施行されている。海洋プラスチック問題の原因となる環境負荷の大きなプラスチック製品について規制する指令で，2019年5月に採択されていた。

同指令は，欧州の海岸を汚染するごみの8割以上を占める使い捨てプラスチック製品とプラスチックを含む漁具への規制を段階的に強化することで，廃棄物発生量の削減，循環型経済への移行，持続可能な代替手段の技術革新や普及を促進することを目的としており，2030年までにEU域内の全プラスチック容器包装材を再利用またはリサイクルする欧州プラスチック戦略の一環として位置づけられている。

禁止の対象となるプラスチック製品は，欧州の沿岸地域で一般的に見られる海洋ごみの上位10品目である使い捨てのカトラリー（ナイフ，フォーク，スプーン，箸），皿，ストロー，マドラー，綿棒の軸，風船の棒，発泡ポリスチレン製の一部の製品（カップ，食品・飲料容器），オキソ分解性プラスチック製の全製品である。それ以外のプラスチック製品（漁具，タバコのフィルター，生理用品など）には，適切な廃棄方法やプラスチック製品が環境におよぼす影響を消費者に知らせるラベル表示が義務づけられるなど，異なる措置が適用されている。使い捨てのマスク，手袋，ガウンなどの医療関連プラスチック製品は今回の規制の対象外であるが，2020年以降に急激に増加したこれらの廃棄物も生態系に有害な影響を与える可能性があることから，代替品を求める声が高まっている。

一方，プラスチック飲料ボトルの使用は禁止されてはいないものの，「プラスチック汚染防止法」の中で，現在は65％にとどまる回収率を，2025年までに77％，2029年までに90％に引き上げる目標を設定している。さらにすべての新しい飲料ボトルに使用される再生プラスチックの比率を，2025年までに少なくとも25％，2030年までには30％以上とすることで合意している。

また，今回の規制において，生産者は，「汚染者負担原則」に基づき，廃棄物処理の清掃費用の負担や製品の環境への影響や適切な廃棄方法についてのラベル表示義務，キャップ付き飲料容器の再生プラスチック含有率指定やボトルにキャップを取り付けるなどの設計上の要件の導入などを行う必要がある。さらに今回の規制には「拡大生産者責任」が含まれており，製造業者だけでなく，販売するメーカーもより厳しい説明責任を負うようになっている。

さらに，2024年12月には，2022年から検討されていた「包装および包装廃棄物規則（EU）」の改正案が正式に採択された。この規則は，再利用目標の設定や一部の使い捨て包装の制限などを通じて，包装廃棄物の削減を目指しており，EU官報で公表された後，施行開始日から18カ月後に適用される予定となっている。従来は目標ベースで掲げていたプラスチック包材に関して2025年以降，全包装を再利用またはリサイクル可能にする内容となっており，包装形態・材料カテゴリーごとに，再生材料の最低含有率やリサイクル可能性評価の枠組み（包材の設計方法等）が詳細に決定されている。例えば，食品プラスチック包材における再生プラスチック材料の最低含有率（重量ベース）は，2030年以降25％，2040年以降50％である。

また，欧州では，2023年7月にEU指令「自動車の循環設計とELV管理規則」（案）を公表している（表1）。そのなかで，新車の製造に使用されるプラスチックの25％にリサイクル材を使用することを義務付け，さらにそのうち25％は使用済み自動車由来のプラスチック材を使用することを明記している。この規則案は2035年にかけて段階的に導入される予定で，リサイクル材の需要喚起に加え，リサイクル材使用に際しての技術開発や価値向上も期待されている。また，リサイクル材の使用義務に関する規制や環境法の制定などの動きは今後，各国で加速してい

表1　EUの「ELV管理規則案」のポイント

① 循環設計を改善し，材料や構成部品の取り外しを容易にし，再利用とリサイクルを促進する
② 車両製造に使用するプラスチックの25％以上を再生プラスチックとし，うち25％をELV由来とする
③ 発効日から23か月後末日までに，車両製造に使用する再生プラスチック割合の計算および検証方法を確立し，実施法令として採択する
④ ELVに対する生産者の経済的責任を規定することで法定処理費用を確保し，リサイクル業者の品質向上を促す
⑤ 検査の強化，各国車両登録システムの相互運用性，中古車とELVの区別改善，走行に耐えない中古車の輸出禁止により，「行方不明」となる車両を阻止する
⑥ 現行のELV指令では対象外のオートバイ，トラック，バスも管理対象となるようEUの規制を段階的に拡大する

（経済産業省，環境省「自動車リサイクル制度をめぐる各種取組状況」）

くとみられている。

他方，非リサイクル性プラスチックに対しては2019年，「プラスチック製品に対する消費税増税に関する指令（EU指令2019／904）」が制定されている。これは非リサイクル性プラスチック製品に対して消費税（EUプラスチック税）を増税する方針を定めたもので，それを受けたEU加盟国のスペインでは2023年1月から同様の課税を開始し，他のEU加盟国も追随する流れにある。

1. 2　各国の動向

1. 2. 1　ドイツ

ドイツでは，プラスチック製品の使用を制限するための法律が施行されており，特に，食品包装におけるプラスチックの使用が厳しく規制されている。EUが使い捨てのプラスチックを禁止する方針を打ち出し，2019年9月，ドイツ議会がそれにしたがってつくった法案を可決して，2021年の夏からプラスチック製のカップ，ストロー，スプーン，フォーク，綿棒，食器，風船の留め具，発泡スチロールなどがすべて禁止された。

さらに，ドイツ連邦環境庁は2021年11月，2019年の容器や包装材の廃棄量を発表している。前年比0.2％増の1,891万トンで，2010年と比較すると18.1％増加している。1人あたりに換算すると227.55 kgで，EU加盟国27カ国の平均177.38 kgに比べ，非常に高い水準にある。包装材の増加傾向に対して，ドイツでは包装材を減らし，リサイクル率を向上させるための法整備が進められてきた。1992年に「包装廃棄物政令」が施行され，その後，2017年には，同政令の代替として，「容器包装廃棄物法」が制定され，2019年1月から施行されている。同法は，「拡大生産者責任」を明らかにするものであり，容器包装廃棄物による環境への影響を回避または低減することを目的としている。

最も重要な仕組みには，商品の包装材のドイツ市場への「最初の流通業者（商品の製造者や輸入者，通販業者など）」に，包装材の流通・回収などに関して多くの義務を課していることがあげられる。該当する業者は，中央包装登録局の包装登録データベース（LUCID）に登録する必要がある。加えて，B2C用包装材の回収を請け負うリサイクル業者と契約し，包装材回収などの費用を支払なければならない。LUCIDへの登録や，リサイクル業者との契約と回収費用の支払いの一連の廃棄物収集については，自治体などが担う一般的な廃棄物の収集と併存するデュアルシステムとなる。デュアルシステムによる包装材の素材別のリサイクル率も，容器包装廃棄物法で定められており，2022年1月から引き上げられている。

容器包装廃棄物法の対象になる包装材は，一般家庭の消費者が廃棄する包装材だけではなく，レストランやホテル，病院，教育機関，事務所，行政官庁などで廃棄されるB2C用包装材にも適用され，商品購入時に提供される「サービス用包装材」（カフェでの持ち帰り用コーヒーカップや，パン屋での持ち帰り用袋など），「販売用包装材」（ラベルなどの梱包補助材を含む），「輸送包装材」（ダンボールやエアクッションなど），販売する際に個々の商品を束ねる「集合包装材」に分類されている。登録の要否は，商品の量にもより，商品が一定量を超えない場合，B2C用容器包装材とみなされるため登録が必要となる。一方，一定の重量を超えた場合は，B2B用包装材とみなされ登録不要になる。

登録が必要な包装材は，LUCIDの登録とリサイクル業者との契約がない限り，国内流通が禁じられている。また，包装材の流通量が一定量を超える企業には，さらに特別の義務が生じ，毎年5月15日までに，前年の包装材の流通量をLUCIDに登録した上で中央局に対して報告する「完全申告」と呼ばれる手続きを行う必要がある。完全申告には，登録鑑定士（中央局に事前に登録した者），または監査人，税理士，会計士のいずれかによる検査・認定が必要である。このほか，リサイクル業者との契約締結や延長，契約で定めた包装材の量をLUCIDに報告する必要があり，報告を怠った場合には最大10万ユーロの過料が科される可能性がある。

1. 2. 2　フランス

フランスは，2016年1月に他国に先駆けて使い捨てプラスチック製レジ袋の使用を禁止するなど，プラスチック廃棄削減に意欲的かつ先進的に取り組む姿勢を見せている。2020年2月には「サーキュラーエコノミーの廃棄物防止法」を制定して，使い捨てプラスチックからの脱却を大きく推進させる目標と方針を打ち出した。この法律では，2040年に使い捨てプラスチックの市場への投入を禁止することが長期的なゴールとして設定されている。

フランス政府は，サーキュラーエコノミー法に基づき，2022年1月1日から2026年6月30日までの間に，スーパーで野菜や果物を包んでいるプラスチック包装を段階的に禁止していく計画である。2021年1月からは，まず重量が1.5 kg未満の青果物のプラスチック包装が，原則として禁止された。対象となるのは，ジャガイモ，トマト，タマネギ，リンゴ，バナナ，オレンジなどである。また，2024年12月31日にはサラダ，ほうれん草，アスパラガス，きのこなどの移行期間が完了している。1.5 kg以上のロットで販売される青果物や，ラズベリー，イチゴ，ブルーベリーといったまとめ売りすると傷みやすいもの，そしてレンズ豆や大豆などは新法の例外とされている。

フランス政府は，青果物の37%が包装されているとしており，この取り組みにより毎年10億回分の包装を削減できるとしている。また，買い物客には，再利用可能な容器を持参して，店舗に行くことを推奨している。また，フランスの隣国で同じく農業が盛んなスペインも同様の法律を成立させ，追随することを決めている。フランスでこのような前例がつくられることにより，他の国や企業が行動を起こしやすくなると推測されている。

1. 2. 3　イタリア

イタリアでは2021年，プラスチックの使用を削減するための包括的規制として知られる法律「D.Lgs.196／2020」が導入されている。これには，飲料水のボトルやプラスチック製品の包装に対する規制が含まれている。また，2022年にはプラスチック製品の使用が制限され，特定の製品に対する課税制度である「使い捨てプラスチック製品税」が導入された。この課税制度は，使い捨てプラスチック製品の製造・輸入に対して課税を行うもので，プラスチック製品1kgあたり0.45ユーロが課税される。

イタリア政府はEU環境指令を踏まえたEPR（拡大生産者責任）スキームを構築しており，国内のプラスチック容器包装の生産者および使用者は，1997年に制定された容器包装リサイクル法に基づいて設立された非営利民間団体CONAI（全国包装容器組合）にEPR手数料を支払う仕組みになっている。

1. 2. 4　スペイン

スペインでは2023年1月から「使い捨てプラスチック容器税」が適用されている。同税は，EUの廃棄物枠組み指令と特定プラスチック製品の環境負荷低減に関わる指令の国内法として，2022年4月10日に施行された「循環型経済に向けた廃棄物・土壌汚染法」で新設された。プラスチック廃棄物の排出抑制やリサイクル推進を目的として，スペインで使用される再利用できないプラスチック製の容器や包装の製造者，またはEU域内外からの輸入者に対し，プラスチック含有量1kgあたり0.45ユーロを課税する。対象となる使い捨てプラスチック容器包装製品は，最終製品に加えてペットボトルのプリフォーム，熱可塑性樹脂などの中間製品，ふたやリング類も含まれる。適用免除品目は，医薬品，医療機器，特別用途食品，病院用粉ミルク，医療由来の有害廃棄物の容器・包装，および農業・畜産業向けのサイレージ用フィルムのみである。

課税は，対象製品の国内販売時，または輸入通関時（域内輸入の場合は出荷の翌月15日）に行われる。輸入量が1カ月あたり5kg以下までの場合は免税となる。仕向地が国外の場合は課税されない。また，二重課税を防ぐため，課税済みの中間製品から最終製品を製造する事業者には課税されない。納税事業者は，プラスチック税専用の税務登録を行い，付加価値税（VAT）の申告と同様に，四半期または毎月の電子申告・納付が求められる。製造業者は，販売先に同税を転嫁し，その請求をインボイスに別途記載しなければならない。課税対象の包装容器を購入して加工後に輸出する場合など，事後還付を受けられるケースもある。罰則規定もあり，納税を怠った場合は，その額の1.5倍にのぼる罰金（最低1,000ユーロ）が科せられる。

幅広い製品が課税対象となっており，EUの「特定プラスチック製品の環境負荷低減に関わる指令」で消費削減が求められる品目（食品・飲料容器など）よりもはるかに多岐にわたる内容となっている。具体的には，フィルム，トレー，テープ，ブリスターパックなどの包装材，缶飲料のマルチパック用リング，ヨーグルトなどの個包装，ソース容器，ドレッシングの小袋，化粧品のキャップに内蔵されたアプリケーターや試供品袋，シャンプーなどのボトル，消毒薬や除草剤，潤滑油などのボトル，スーツケース用保護ラップなどが列挙されている。一方，課税対象外となる品目例としては，ゴミ袋，DVD付属ケース，コーヒーカプセル，プリンターのカートリッジ，ボールペン，デオドラントスティックなどがあげられている。課税対象外であるかどうかの判断は，包装容器が製品に不可欠な部分として製品ライフサイクルを通じて製品とともに使用，消費，処分されるという点がポイントとなっている。

課税対象が非常に幅広く，イギリスのような年間取扱量に基づく免除枠もないため，多くの企業がコンプライアンス負担増やインフレ下でのより一層のコスト上昇の影響を受けることになる。2022年９月末には食品飲料や容器包装，小売り流通，化粧品，自動車，化学，プラスチック産業など15の業界団体が財務相に同税の施行延長を要請したが，同税は2023年年始から施行されている。

1．2．5　イギリス

イギリス政府は2018年，「25カ年環境計画」を発表している。この計画には，プラスチック廃棄物の削減，野生生物の保護，環境保護で世界的リーダーになる，イギリス独自の環境保護政策の構築（グリーンブレグジットの実現），住宅開発にあたって事業者の負担を増やすことなく，生物多様性と環境の両方を開発前よりよい状態にする，自然に親しむ学校の設立などを通して国民と自然の結びつきを強める，などの目標が盛り込まれている。それ以降，イギリスではプラスチック廃棄物の削減に関して様々な取り組みが進められている。

イギリス政府は2022年４月，プラスチック廃棄物削減を期して，プラスチック包装税を施行した。この制度は再生包装品を製造するための経済的インセンティブを事業者に与えることで，再生プラスチックの利用促進を図ることが目的となっている。対象になる包装材１トンあたり210.82ポンド（約３万8,580円，１ポンド＝約183円）が課税される（2023年４月時点）。課税対象者にとっては，確定申告の完了，提出，支払い，適切な記録の保持（輸出控除の申請に必要なものを含む），申告書の修正などの継続的なコストがかかることになる。この制度で対象となる事業者は，年間10トン以上のプラスチックを製造または輸入する企業とされており，施行後30日間のうちに製造，輸入する完成プラスチック包装材が10トン以上に及ぶ予定の企業，または過去12カ月間で製造・輸入した最終プラスチック包装材が10トン以上の企業となっている。

一方，課税対象になるプラスチックは，包装材の重量比で再生プラスチックの使用量が３割未満のプラスチック包装材である。プラスチック包装には，ハンガーやラベルも含まれる反面，人用医薬品の包装，包装以外の用途として長期間使用するもの，複数の商品を安全に輸入するための輸送用梱包材として使用されるもの，空運や海運，鉄道での商品保管で使用される包装材は課税対象外になっている。

また，イングランドでは以前から，ストロー，マドラー，綿棒については使い捨てプラスチック製品を販売することができなかった。政府は2023年１月，禁止対象にカトラリー，皿，トレー，ボウル，風船の棒，特定のポリスチレン製カップ・食品容器を追加すると発表，2023年10月から施行している。スコットランドとウェールズの両自治政府はすでに2021年に同様の禁止措置を導入している。新たな禁止令は，スーパーなどの店頭に並ぶ包装済み食品に用いられるプラスチック製の容器やトレー，ラップは除外されている。

2 欧州におけるプラスチック回収・リサイクルの現状

2. 1 プラスチック回収・リサイクルへ向けたEUの課題

欧州では，エネルギー回収がプラスチック廃棄物（廃プラ）の処分に最もよく使われている方法であり，リサイクルが続いている。また，発生するプラスチック廃棄物の約25%は埋め立て処分されている。かつてはリサイクルのために収集されたプラスチックの半分は，廃棄物を地元で処理するための能力，技術，または財源の不足などの要因により，EU以外の国で処理するために輸出されていた。輸出されたプラスチック廃棄物のかなりの部分が中国に出荷されており，中国でプラスチック廃棄物の輸入が禁止されたことによって，欧州ではプラスチック廃棄物の焼却と埋め立てが増えるリスクが増大している。そのため，EUではプラスチック廃棄物を資源循環により管理する方法への模索が続いている。

欧州では，プラスチック廃棄物のリサイクルが停滞している現状が報告されており，2022年のリサイクル率は2019年比で低下している。リサイクル率の低下には，リサイクルの質と量の両面で課題があることが指摘されている。

廃プラのリサイクルが進まない大きな要因として，品質と回収に関する課題があげられている。リサイクルされたプラスチックは，しばしば品質が低下し，製品に再利用する際に混入物や劣化が問題となる。それに加えて，食品包装に使用されるプラスチックは安全性の観点から高品質が求められる。そのため，リサイクル素材を使用することが難しいことが要因の１つになっている。さらに，消費者や企業による適切な分別がなされていないことも問題となっている。混ざったプラスチックがリサイクル施設に運び込まれると，処理に手間がかかり，リサイクル効率が低下する。そのため，廃プラスチックの回収システムを改善し，分別を徹底させることが優先的な課題となっている。

それに加えて，欧州では廃プラスチックの正確な廃棄量を把握すること自体が難しいという問題も存在している。消費者が日常的に使用するプラスチック製品の中には，分別が複雑なものが多く，正確なリサイクルの対象として把握されていない。また，行き先不明のプラスチックが多く，一部は海洋などに流出している可能性が示唆されている。

プラスチックの回収・リサイクルには，リサイクルインフラの整備や技術革新も重要ではあるが，企業や消費者の意識改革も重要な要因となっている。今後，企業は再利用可能な素材の採用や，環境負荷の少ない製品開発を進めることが必須の要件となってくる。また，消費者もより積極的に分別に協力する必要があり，廃プラスチックの再利用を進めるには，政府，企業，消費者の一体となった体制の構築と協力が求められている。

一方，技術的な課題を解決するためには，リサイクルの効率を高める新しい技術の開発や，製品に適した高品質な再生プラスチックの生産が重要であり，廃プラスチックの回収や分別を容易にするシステムの改善も急務となっている。

これらの課題を克服するために，EU は規制強化や新しい技術の導入，そして企業や消費者の協力を促進している。最近では，EU 全体で使い捨てプラスチック製品の禁止や制限が進められており，リサイクル率の向上を目指しているが，リサイクル率の向上には苦戦している状況となっている。

2. 2　循環型経済へ向けた EU の取り組み

EU では，循環型経済を実現させるため，世界に先駆けて環境規制を推進している。2018 年 1 月に欧州委員会で策定された「欧州プラスチック戦略」では，すべてのプラスチック容器をリユース・リサイクル可能にすることや，欧州で発生するプラスチックごみの 50％以上をリサイクルすることを目標として掲げている。この戦略を実現すべく採択されている戦略の１つが，EU 市場全体における使い捨てプラスチック製品の使用禁止である。

また，エコデザイン規則（ESPR）法案も重要な政策の一角を占めている。エコデザイン規則法案は，2023 年 5 月に EU 理事会で合意にいたったもので，消費者向けの製品だけでなく，EU 内で市場に投入または使用される事実上すべての製品をエコデザインにすることが求められている点が特徴としてあげられる。エコデザインとは，一般的に製品のライフサイクル全体において，資源・エネルギーの消費や環境負荷を最低限に抑えるような設計のことを指し，具体的には以下のような要件が求められる。

＜エコデザインの要件＞

・リユースやリサイクルがしやすい
・使用する原材料が最小限である
・耐久性が高い
・修理しやすい
・リサイクル原料を多く含んでいる

エコデザイン規則は 2024 年 7 月に施行され，企業が製品を設計する段階から製造や流通，廃棄など広範囲にわたって影響を及ぼしている。持続可能な社会とデジタル化を促進する包括的な枠組みとしての位置づけであり，製品のエネルギー効率，使用される材料の持続可能性，製品の修理やリサイクルの容易さなどが含まれている。EU 市場向けの製品開発・販売に直接携わる企業は，ESPR の条件を満たすべく，製品設計や生産プロセス全体の見直しを迫られている。

またこの法案は，消費者にとっても製品にとってもメリットがある。消費者は環境に優しい製品を選ぶことができ，製品の寿命が延びるため，結果的にコストも抑えられる。また，企業にとっては持続可能な製品を開発することで競争力を高める要因になる。

第3章　日本国内におけるプラスチック資源循環の動向

シーエムシー出版　編集部

1　日本国内におけるプラスチック資源循環をめぐる法規制

2022年4月には「プラスチック資源循環促進法（プラスチックに係る資源循環の促進等に関する法律)」が施行されている。この法律は，日本国内のプラスチックを規制するものではなく，事業者や自治体がプラスチック製品の設計から製造，使用後の再利用までのプロセスで資源循環をしていくための法律である。日本では従来からプラスチックのリサイクルに取り組んでおり，様々な法律も存在していたが，それらは「容器包装リサイクル法」や「家電リサイクル法」など，それぞれの製品に焦点を当てたものであり，すでにある製品を廃棄した後にどのようにリサイクル（再活用）するかという点に目が向けられていた。それに対して，プラスチック資源循環促進法では，ごみを出さないように設計するというサーキュラーエコノミー（循環経済）の考えが取り入れられている。

プラスチックの資源循環に向けては，プラスチックのライフサイクル全体において関わりのある，すべての事業者，自治体，消費者の皆様が相互に連携しながら，「プラスチック使用製品設計指針と認定制度」や「特定プラスチック使用製品の使用の合理化」，「製造・販売事業者等による自主回収・再資源化」，「排出事業者による排出の抑制・再資源化等」，「市区町村によるプラスチック使用製品廃棄物の分別収集・再商品化」に取り組むことが重要とされている。

1．1　プラスチック資源循環促進法

プラスチック資源循環促進法は，プラスチック使用製品廃棄物およびプラスチック副産物の排出の抑制，並びに回収および再資源化等の促進（プラスチックにかかわる資源循環の促進等）を総合的かつ計画的に推進するための法律であり，以下の項目が基本方針としてあげられている（表1)。また同法は，海洋環境の保全および地球温暖化の防止を図るための施策に関する法律と調和しなければならないことが明示されている。

同法では，事業者はプラスチック使用製品廃棄物およびプラスチック副産物を分別して排出する必要があり，再資源化などに努めることが責務とされている。一方，消費者は，プラスチック使用製品廃棄物を分別して排出するよう努めることが責務とされている。さらに，プラスチック使用製品の長期間使用や過剰な使用抑制，プラスチック使用製品廃棄物の排出抑制，再生プラスチック製品や再生プラスチック素材を使用する製品の使用促進が，事業者，消費者双方が努めるべき責務とされている。

表１　プラスチック資源循環促進法の基本方針

1	プラスチックに係る資源循環の促進等の基本的方向
2	プラスチック使用製品の設計又はその部品若しくは原材料の種類の工夫によるプラスチックに係る資源循環の促進等のための方策に関する事項
3	プラスチック使用製品の使用の合理化によるプラスチック使用製品廃棄物の排出の抑制のための方策に関する事項
4	分別収集物の再商品化の促進のための方策に関する事項
5	プラスチック使用製品の製造又は販売をする事業者による使用済プラスチック使用製品（分別収集物となったものを除く。以下同じ。）の自主回収（自ら回収し，又は他人に委託して回収させることをいう。第五十五条第五項において同じ。）及び再資源化の促進のための方策に関する事項
6	排出事業者によるプラスチック使用製品産業廃棄物等の排出の抑制及び再資源化等の促進のための方策に関する事項
7	環境の保全に資するものとしてのプラスチックに係る資源循環の促進等の意義に関する知識の普及に関する事項
	前各号に掲げるもののほか，プラスチックに係る資源循環の促進等に関する重要事項

（プラスチックに係る資源循環の促進等に関する法律）

プラスチック使用製品の設計の段階（試作・製造の前段階を含む）では，3R + Renewableの取組みが不可欠とされており，事業者にはプラスチックの使用量の削減，部品の再使用，再生利用を容易にするためのプラスチック使用製品の設計，またはその部品や原材料の種類の工夫，プラスチック以外の素材への代替，再生プラスチックやバイオプラスチックの利用等の取組みが求められている。設計指針に則したプラスチック使用製品の設計のうち，特に優れた設計は主務大臣が認定する制度が創設されており，認定プラスチック使用製品については，グリーン購入法上の配慮やリサイクル設備を支援することなどが行われている。プラスチック使用製品製造事業者などが設計にあたって取り組むべき構造や材料には以下のような事項がある。

＜プラスチック使用製品製造事業者等が取り組むべき事項及び配慮すべき事項＞

＜構造＞

① 減量化

② 包装の簡素化

③ 長期使用化・長寿命化

④ 再使用が容易な部品の使用または部品の再利用

⑤ 単一素材化等

⑥ 分解・分別の容易化

⑦ 収集・運搬の容易化

⑧ 破壊・償却の容易化

＜材料＞

① プラスチック以外の素材への代替

② 再生利用が容易な材料の使用
③ 再生プラスチックの利用
④ バイオプラスチックの利用

(経済産業省，環境省パンフレット「プラスチックに係る資源循環の促進等に関する法律について」)

そのほかにも，製品のライフサイクル評価，情報発信および体制の整備，関係者との連携，製品分野ごとの設計の標準化や設計のガイドライン等の策定および遵守が求められている。

特定プラスチック使用製品の使用の合理化は，使い捨てプラスチックの使用規制・削減に関する規定である。欧州のシングルユース・プラスチック規制をはじめ，世界各国に広がっており，世界全体としてプラスチックごみ問題に取り組むうえで，欠かせない対策となっている使い捨てプラスチックの過剰な使用を抑制するため，使用を促進させることを目的としている。

特定プラスチック使用製品には，表2の12製品（主としてプラスチック製のフォーク，スプーン，テーブルナイフ，マドラー，飲料用ストロー，ヘアブラシ，くし，かみそり，シャワーキャップ，歯ブラシ，衣類用ハンガー，衣類用カバー）が対象製品に指定されている。また，特定プラスチック使用製品提供事業者として，対象業種が指定されており，主たる事業が対象業種に該当しなくても，事業活動の一部で対象業種に属する事業を行っている場合には，その事業の範囲で対象となる。対象となる特定プラスチック使用製品提供事業者の要件は，前年度における特定プラスチック使用製品の提供量が5トン以上となっており，使用の合理化，提供方法の工夫（提供する特定プラスチック使用製品を有償で提供するなど），製品の工夫（薄肉化，軽量化その他の特定プラスチック使用製品の設計またはその部品もしくは原材料の種類について工夫された特定プラスチック使用製品を提供するなど）が求められている。

市区町村による分別収集・再商品化については，1997年に施行された一般家庭でごみとなっ

表2　特定プラスチック使用製品と特定プラスチック使用製品提供事業者

対象商品	対象業種
フォーク スプーン テーブルナイフ マドラー 飲料用ストロー	●各種商品小売業（無店舗のものを含む） ●飲食料品小売業（野菜・果実小売業，食肉小売業，鮮魚小売業および酒小売業を除き，無店舗のものを含む） ●宿泊業　●飲食店 ●持ち帰り・配達飲食サービス
ヘアブラシ くし かみそり シャワーキャップ 歯ブラシ	●宿泊業
衣類用ハンガー 衣類用カバー	●各種商品小売業（無店舗のものを含む） ●洗濯業

(経済産業省，環境省パンフレット「プラスチックに係る資源循環の促進等に関する法律について」)

て排出される商品の容器や包装（びん，PETボトル，お菓子の紙箱やフィルム袋，レジ袋など）を再商品化する目的でつくられた「容器包装リサイクル法（容リ法）」が存在している。容リ法は，消費者が分別排出，市町村が分別収集，事業者が再商品化（リサイクル）するという役割分担を定めていることが特徴である。

容リ法は，食品容器・包装の過剰包装による廃棄物の増加が問題視され，持続可能な社会に向けて廃棄物を削減していく必要があることを背景として制定された。制定当時は生活が豊かになるにつれ，ごみの量が増え続けて処分場が逼迫していくことが問題視されていた。特に家庭から出るごみの容積において約62％を容器包装が占めており，これらを資源としてリサイクルしていく必要があった。

容リ法において，消費者は自治体のルールに基づいて素材ごとに分別を行う分別排出と，排出するごみを減らす排出抑制が求められている。それに対して，行政は分別収集と保管の役割を担っている。分別収集により，市町村ごとに容器包装の収集・分別・洗浄を行ったのち，法律で定められた分別基準に適合させることが求められるとともに，分別後は，それぞれ一定の大きさの塊になるよう加工を行い，リサイクル事業者に引き渡すまでの間保管することが求められている。また，事業者は再商品化責務が求められており，容器・包材メーカーなどの特定容器製造等事業者，食品メーカーなどの特定容器利用事業者，小売業者などの特定包装利用事業者が対象となっている。事業者には製造した容器の再商品化を行うことと，事業者で利用・製造・輸入した容器や包装の量などを記載し，5年間保管する帳簿の記載が義務づけられている（表3）。

しかし，消費者が使用した容器や包装を事業者がすべて回収して再商品化することは現実的に不可能であることから，再商品化義務を果たすために指定法人ルート，独自ルートの2つのルートが設定されている。これらのほか，ガラスびん飲料などの容器再利用のように，事業者が自ら回収，または委託回収を行い，再利用する方法自主回収ルートがある。

プラスチック資源循環促進法は，容リ法の対象である食品の容器・包装から対象をプラスチック使用製品廃棄物全体へ広げるものであり，再商品化のためのルートも容リ法と同様の指定法人ルートと独自ルートが設定されている（図1，図2）。市区町村が分別収集したプラスチック使用製品廃棄物は，容器包装リサイクル法に規定する指定法人（公益財団法人日本容器包装リサイクル協会）に委託して再商品化を行う方法か，市区町村が単独，または共同で再商品化計画を作成し，国の認定を受けることで，認定再商品化計画に基づいて再商品化実施者と連携して再商品化を行う。このうち，指定法人ルートは，行政が分別収集・保管したプラスチック使用製品廃棄物を主務大臣が指定した公益財団法人日本容器包装リサイクル協会へ委託料を支払い，再商品化を代行してもらうもので，現在，ほとんどの事業者がこの方法を取っている。一方，独自ルートは，行政が分別収集・保管したプラスチック使用製品廃棄物を，事業者自らリサイクル事業者へ委託して再商品化する方法で，主務大臣の認定が必要となる（図2）。

製造・販売事業者等による自主回収・再資源化事業（自主回収ルート）については，容リ法に基づいて，食品トレーやペットボトル等について，店頭等での自主回収が進められてきたが，製

表3　再商品化義務のある容器包装（容リ法）

容器包装廃棄物	金属	アルミ
		スチール
	ガラス	無色
		茶色
		その他の色
	紙	紙パック（アルミニウムを使用したものを除く）
		段ボール
		その他の紙製容器包装
	プラスチック	PET ボトル（※食料品（しょうゆ，乳飲料等，その他の調味料）清涼飲料，酒類）
		その他のプラスチック製容器包装（「PET ボトル」に含まれるものを除く）

※容リ法の分別収集の対象となる容器包装は，ガラスびん，PET ボトル，紙製容器包装，プラスチック製容器包装，アルミ缶，スチール缶，紙パック，ダンボールであるが，アルミ缶以下の4品目については，すでに市場経済の中で有価で取引されており，円滑なリサイクルが進んでいるので，再商品化義務の対象とはなっていない。

※「食料品」の「乳飲料」とは,「ドリンクタイプのはっ酵乳」,「乳酸菌飲料」および「乳飲料」をさす。「その他調味料」とは,「しょうゆ加工品」「みりん風調味料」「食酢」「調味酢」「ドレッシングタイプ調味料（ただし食用油脂を含まず，かつ，簡易な洗浄により臭いが除去できるもの）」をさす（なお，平成29年4月1日から「アルコール発酵調味料」が追加された)。

※網かけは特定事業者が再商品化の義務を負う容器包装。

出典：(公財) 日本容器包装リサイクル協会ホームページ（2025年3月時点）を元に作成
https://www.jcpra.or.jp/law_data/tabid/988/index.php

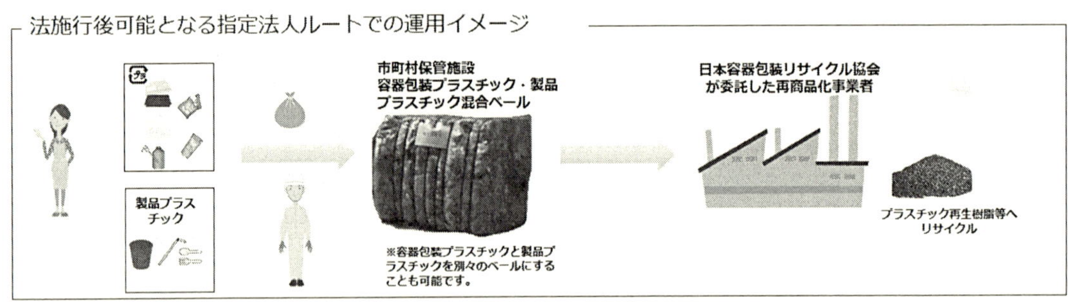

図1　指定法人ルートによるプラスチック資源回収・再商品化ルート

出典：(公財)日本容器包装リサイクル協会ホームページ（2025年3月時点）
https://www.jcpra.or.jp/municipality/tabid/1096/index.php

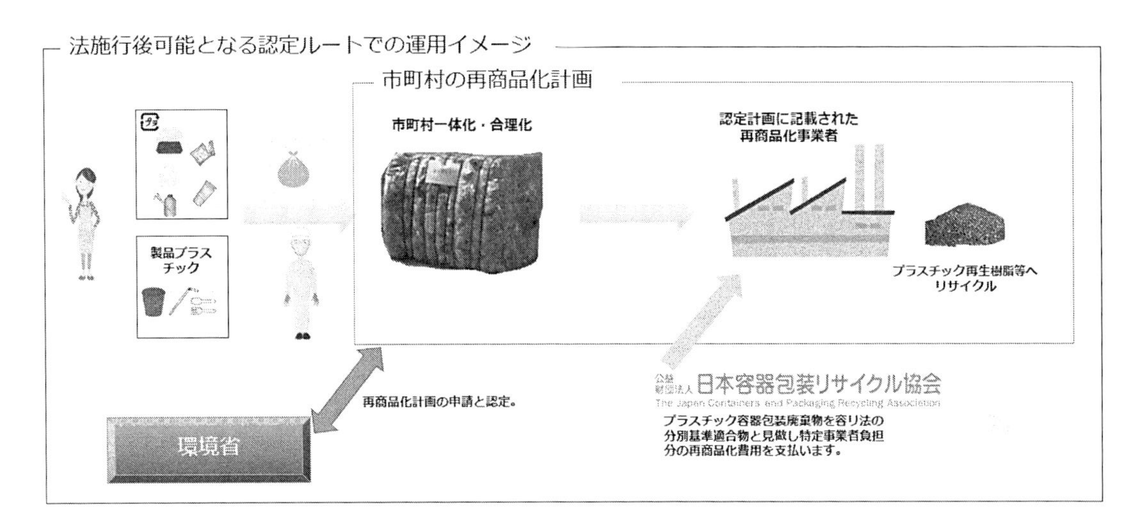

図２　独自（認定）ルートによるプラスチック資源回収・再商品化ルート
出典：(公財)日本容器包装リサイクル協会ホームページ（2025 年３月時点）
https://www.jcpra.or.jp/municipality/tabid/1096/index.php

造・販売事業者等が作成した自主回収・再資源化事業計画を主務大臣が認定した場合には，認定を受けた事業者は廃棄物処理法に基づく業の許可がなくても，使用済プラスチック使用製品の自主回収・再資源化事業を行うことができるように改められ，自主回収の取組みの多様化や規模の拡大の促進が図られている。神戸市では 2021 年 10 月，神戸市と小売・製造事業者，再資源化事業者 16 社が，「神戸プラスチックネクスト～みんなでつなげよう。つめかえパックリサイクル～」を開始している。市内 75 店舗に回収ボックスを設置して，洗剤やシャンプーなど使用ずみの日用品のつめかえパックを分別回収し，再びつめかえパックに戻す「水平リサイクル」を目指している。

事業活動に伴って排出されたプラスチック使用製品産業廃棄物等の排出の抑制・再資源化等では，従来，廃棄物処理法に基づき，排出する事業者の責任の下で適正処理が進められ，一定の分別・再資源化等が行われてきたが，プラスチック資源循環促進法では，事業者は排出の抑制・再資源化等に一層取り組むこととされている。今後，プラスチック使用製品産業廃棄物の排出事業者である多くの事業所，工場，店舗等では，主務大臣が定める排出事業者の判断基準に基づき，積極的に排出の抑制・再資源化等に取り組むことが求められている。また，同法により，排出事業者等が作成した再資源化事業計画を主務大臣が認定した場合には，認定を受けた事業者が廃棄物処理法に基づく業の許可がなくても，プラスチック使用製品産業廃棄物等の再資源化事業を行うことができるように改められた。

1．2　資源有効利用促進法（資源の有効な利用の促進に関する法律）

資源有効利用促進法は，2000（平成 12）年５月に成立し，翌年の４月に施行された法律である。同法は，事業者による製品の回収・リサイクルの実施などリサイクル対策を強化するとともに，製品の省資源化・長寿命化等による廃棄物の発生抑制（リデュース）対策や，回収した製品からの部品等の再使用（リユース）対策を新たに講じ，また産業廃棄物対策としても，副産物の発生抑制（リデュース），リサイクルを促進することにより，循環型経済システムの構築を目指している。10業種・69品目（一般廃棄物および産業廃棄物の約5割をカバー）を対象業種・対象製品として，事業者に対して3Rの取り組みを求めている。

1. 3　容器包装リサイクル法

容器包装リサイクル法は，プラスチック製品の使用を抑制し，リサイクルを促進することを目的としている。1997（平成9）年に施行された容器包装リサイクル法（容リ法）は，家庭から排出されるごみの重量の約2～3割，容積で約6割を占める容器包装廃棄物について，リサイクルの促進等により，廃棄物の減量化を図るとともに，資源の有効利用を図る目的で制定された法律である。容器と包装（商品の容器および包装自体が有償である場合を含む）のうち，中身商品が消費されたり，中身商品と分離された際に不要になるものを「容器包装」と定義して，リサイクルの対象としている。家庭から捨てられる一般廃棄物の排出量の高止まり，容器包装リサイクルに関する社会的コストの増加，ただ乗り事業者の存在，使用済ペットボトルの海外流出などの課題を背景として，2006（平成18）年6月，改正容器包装リサイクル法が成立している。

見直しの基本的方向として，容器包装廃棄物の3R（リデュース・リユース・リサイクル）の推進，リサイクルに要する社会全体のコストの効率化，国・自治体・事業者・国民等すべての関係者の連携が取り上げられ，レジ袋対策などの容器包装廃棄物の排出抑制策，事業者が市町村に資金を拠出する仕組みの創設を通じた質の高い分別収集・再商品化推進，ただ乗り事業者に対する罰則の強化による公平性の確保，容器包装廃棄物の円滑な再商品化へ向けた国の方針の明確化などが図られた。

また，容リ法では前述のように，それぞれの役割が消費者＝分別排出，市町村＝分別収集，事業者＝リサイクルと明確化され，指定法人ルート，独自（認定）ルート，自主回収ルートなどの回収・再商品化の仕組みが整えられて，現在のプラスチック資源循環促進法に発展している。

1. 4　プラスチック製買物袋有料化法

プラスチック製買物袋有料化法は，2019（令和元）年5月に政府がプラスチック資源循環戦略の重点戦略の1つとしてリデュース等の徹底を位置づけ，その取り組みの一環として「レジ袋有料化義務化（無料配布禁止等）」を通じて消費者のライフスタイル変革を促す目的で制定されている。同法は，2006（平成18）年の容器包装リサイクル法改正に伴い制定された「小売業に属する事業を行う者の容器包装の使用の合理化による容器包装廃棄物の排出の抑制の促進に関する判断の基準となるべき事項を定める省令」（平成18年省令第1号）を改正し，事業者による排出抑制促進の枠組みをいかしつつ，プラスチック製買物袋についてはその排出抑制の手段としての有料化を必須とするというものであり，翌年7月1日から全国一律で施行された。

対象となる事業者は，容器包装リサイクル法第7条の4の規定に基づき，その事業において容器包装を用いる者であって，容器包装の過剰な使用の抑制その他の容器包装の使用の合理化を行うことが特に必要な業種として政令で定めるものに属する事業を行うもの（指定容器包装利用事業者）である。対象となる事業者は，各種商品小売業，織物・衣服・身の回り品小売業，飲食料品小売業，自動車部分品・附属品小売業，家具・什器・機械器具小売業，医薬品・化粧品小売業，書籍・文房具小売業，スポーツ用品・がん具・娯楽用品・楽器小売業およびたばこ・喫煙具専門小売業とほぼすべての小売業者が対象となっている。主たる業種が小売業ではない事業者（製造業，サービス業等）も，事業の一部として小売事業を行っている場合，その範囲において容器包装の使用の合理化による排出の抑制の促進に取り組む必要がある。また，消費者のライフスタイル変革を目指すにあたっては，あらゆる業種においてプラスチック製買物袋有料化による削減努力がなされることが必要であることから，省令に基づく有料化の対象とならないものであっても，自主的取り組みとして，同様の措置を講じることが推奨されている。

対象となる買物袋は，あらゆるプラスチック製買物袋について有料化することにより過剰な使用を抑制していくことを基本とすると同時に，プラスチック資源循環戦略に掲げられた基本原則である3R + Renewableの観点から一定の環境性能が認められる買物袋への転換を推進することとされている。そのうえで省令は，消費者が購入した商品を持ち運ぶために用いる，持ち手のついたプラスチック製買物袋と基本定義している。

一方，厚さが50マイクロメートル以上の袋は，繰り返し使用することが可能であり，プラスチック製買物袋の過剰な使用抑制に寄与するものとされている。そのため，フィルムの厚さが50マイクロメートル以上であり，繰り返し使用を推奨する旨の記載もしくは記号を表示したものは有償化の対象外とされている。

海洋生分解性プラスチックの配合率が，プラスチック製買物袋のプラスチックの重量の100％を占めるプラスチック製買物袋も，海洋プラスチックごみ問題対策に寄与することから，海洋生分解性プラスチックの配合率が100％であることが第三者により認定または認証されたことを示す記載や記号を表示することで有償化の対象外とされている。さらに，バイオマス素材の配合率が25％以上のプラスチック製買物袋も，バイオマス素材の配合率が25％以上であることが第三者により認定または認証されたことを示す記載や記号を表示したうえで有償化の対象外とされている。バイオマスプラスチック度の国際標準としては，国際標準化機構によるISO 16620（プラスチック－バイオベース度）シリーズが存在しており，国内でも民間の団体がこのISO 16620に基づいてバイオマスプラスチックの認証を行っているため，それらの認証マークを表示に用いることが可能となっている。また，有料化の対象外とするバイオマスプラスチックを含む買物袋の配合率の25％は，今後の状況を踏まえて徐々に高めていくことが政府の方針となっている。

1．5　廃棄物処理法（廃棄物の処理及び清掃に関する法律）

廃棄物処理法は，廃棄物の排出を抑制しつつ，発生した廃棄物をリサイクル等の適正な処理を行うことで，人々の生活環境を守ることを目的に制定された。廃棄物処理法のもとで，産業廃棄物の排出事業者や処理事業者は，基本的にはこの法律に則りながら，事業を進めていくことが求められている。

廃棄物処理法では，ごみを大きく一般廃棄物と産業廃棄物の2種類に区別しており，産業廃棄物は，事業に伴って生じた廃棄物のうち燃え殻，汚泥，廃油，廃酸，廃アルカリ，廃プラスチック類その他政令で定める廃棄物および輸入された廃棄物と定めている。（ただし，廃棄物防止法における廃プラスチックとは，プラスチックのほかにゴムや合成繊維などの石油化学製品全般が含まれている）

同法が設定された背景には，高度経済成長によって，大量生産・大量消費型の経済構造が進展したことが大きな要因となっている。それ以前には，事業活動によって排出される各種廃棄物は，適切な処理がされないまま廃棄されてしまうことが多く，また処分場不足・処理費用の高騰などにより，不法投棄・不適正保管をする業者が増加していた。大気汚染や公害などの問題が顕在化されていく中で，廃棄物処理法の必要性が高まり，1970（昭和45）年に同法が制定されるにいたっている。

廃棄物処理法の対象者は，産業廃棄物を排出する排出事業者と産業廃棄物を運搬・処理する処理事業者の2つに分けられる。排出事業者は，事業活動に伴って生じた廃棄物を，自らの責任で処理しなければならないとされており，自ら処理できない場合には，その処理を他の業者に委託することができる。委託の際には細かく定められた委託基準に則った産廃委託契約を産業廃棄物処理業の許可を持っている業者と書面で取り交わす必要があり，マニフェストを利用して委託した産業廃棄物の処理状況を管理する必要がある。また，マニフェスト交付等の状況については，年に1度，都道府県知事等へ報告することが義務づけられている。

廃棄物処理法では，廃プラスチック類の処分が厳格に規制されている。廃プラスチック類は産業廃棄物として分類され，その処分には特定の許可が必要となる。また，廃プラスチックはリサイクルが効率的に行えるように，他の廃棄物とは分別して収集することが求められている。企業や自治体には，廃プラスチックのリサイクルを促進するための義務が課されており，一定量以上の廃プラスチックを排出する事業者は，リサイクル計画を策定して実施する必要がある。さらに，廃プラスチックの処理方法には基準が設けられており，リサイクルや再利用を優先し，焼却や埋め立てを避けるように求められている。それ以外にも，廃プラスチックの運搬において，漏れや飛散を防ぐための対策が必要になる，土壌汚染防止法や水質汚濁防止法などの関連法規を遵守する必要があるなどの規則が設けられており，特に有害物質の含有量について厳しい基準が設定されている。

1. 6　海洋汚染防止法（海洋汚染等及び海上災害の防止に関する法律）

海洋汚染防止法は1970年に定められた法律で，海洋汚染の防止を目的としたマルポール条約の締結を背景に設定された。この法律は船舶，海洋施設，航空機からの油，有害液体物質，廃棄物の海洋排出や海底への廃棄を規制することにより，海洋の汚染，海洋災害を防止し，海洋環境を保全することを目的としている。

船舶からの有害液体物質の排出は，船舶の安全の確保や人命を救助するための有害液体物質の排出などやむを得ない場合を除いて禁止されている。また，船舶所有者には，有害液体物質を輸送する船舶に，有害液体物質排出防止設備を設置することが義務づけられている。また，船舶所有者は船舶ごとに乗務員の中から，有害液体物質の不適正な排出を防止する業務を行う有害液体汚染防止管理者を選任すること，有害液体汚染防止規定を定め，船舶内に備え置き，掲示することが必要とされており，有害液体物質を輸送する船舶の船長は，有害液体物質記録簿を船舶内に備え付け，最後に記録した日から3年間船舶内に保存しなければならない。さらに，特定油以外の油および有害液体物質の防除のための資材，排出油等の防除のために必要な資材を備え付け，機械器具を配備し，排出油等の防除に関し必要な知識を有する要員を確保する必要も明示されている。有害液体物質はマルポール条約附属書Ⅱに規定され，リストはX類，Y類，Z類に分類されている。X類物質は，タンクの浄化作業またはバラスト水の排出作業により海洋に排出された場合に，海洋資源または人の健康に重大な危険をもたらすもの，Y類物質は海洋資源または人の健康に危険をもたらすもの，Z類物質は海洋資源または人の健康に軽微な危険をもたらすものと区別されている。

船舶からのプラスチックごみの海洋投棄は，海洋汚染防止条約附属書Ⅴ第3規則および同規則を担保する海洋汚染等防止法第10条により禁止されている。他のごみについては例外的に排出が認められる場合があるが，プラスチックを含むごみの海洋への排出は一切認められていない。また，令和元年9月には，国土交通省から「マルポール条約附属書Ⅴの実施に関するガイドライン」により，以下の規則や推奨事項が公表されている。

① 発生するごみの最小化（2.1 Waste minimization）
- 補給品や糧食の手配を行う際に，バルク包装されているものを使用し，再利用・リサイクル可能なプラスチックが使用されている場合を除き，プラスチックで包装されたものを避ける
- 使い捨てのカップや食器等の日用品の使用を可能な限り避ける
- 貨物の保管，風雨からの保護材料として，使い捨てのプラスチックシート等の代わりに，何度も再使用が可能なカバーを使う
- ダンネージやライニングを再使用するための保管システムを使用する

② ごみの管理（2.3 Shipboard garbage handling）
- 船舶発生廃棄物汚染防止規程に従い，ごみを適切に回収・処理・保管・排出する

③ プラスチックごみの回収・分別（2.4 Collection, 2.9 Grinding or comminution）
- 回収とリサイクル促進のため，発生したプラスチックごみの分別を行う

・海洋のあらゆる種類のプラスチック排出は禁止
（他のごみとプラスチックが混ざった場合はプラスチックとして扱い，排出禁止）
・食物くずを粉砕する場合は，混入したプラスチックを除去したうえで粉砕する

④ プラスチックごみの焼却（2.11 Incineration）
・プラスチックごみを含む廃棄物を焼却する際は，技術基準に適合した焼却施設を使用する
・大量のプラスチックごみを含む廃物の焼却の際には特別な設定を行う（大量の酸素注入，高温（850～1,200℃）での燃焼）
・特定の種類のプラスチックを焼却する際には，副産物による環境影響等に注意する

⑤ 訓練・教育・情報提供（4 Training, Education and Information）
・船上で発生したごみの適切な分別・処理のため，マルポール条約附属書Ｖ第10.1規則にあるプラカードを，ごみ箱の付近等の適切な場所に設置する
・船上発生ごみの適切な取扱いの能力確保のため，船員の教育訓練プログラムを構築する

1．7 土地汚染防止法

土地汚染防止法における廃プラスチックの規制は，土地への廃プラスチックの影響を最小限に抑えることを目的としている。具体的には，廃プラスチックの不法投棄を防ぐための監視や罰則の強化，廃プラスチックの適切な処理方法の推進などが含まれている。廃プラスチックの不法投棄を防ぐためには，市町村が廃プラスチックの収集体制を整備し，適切な処理施設への運搬を確保する必要がある。また，廃プラスチックの焼却施設に対しても一定の基準を満たすことが求められ，不法投棄を防ぐための監視が強化されている。

1．8 水質汚染防止法

水質汚染防止法では，廃プラスチックの排出が減少し，水質汚染が軽減されることを目指しており，企業や自治体が廃プラスチックを適切に管理し，リサイクルを行うことが求められているほか，廃プラスチックの排出量を報告する義務が課せられている。

1．9 自動車リサイクル法

日本では，自動車リサイクル法の施策として「資源回収インセンティブ制度」が2026年にスタートする予定となっている。同制度は，プラスチックとガラスのリサイクルに関してインセンティブを付与し，自動車の資源循環を促すものである。

自動車リサイクル法は，自動車のリサイクルについて，所有者，関連事業者，自動車メーカー・輸入業者の役割を定めた法律である。同法の下で，自動車の所有者（最終所有者）は，リサイクル料金の支払い，自治体に登録された引取業者への廃車の引渡しが義務づけられており，最終所有者から廃車を引き取り，フロン類回収業者または解体業者に引き渡す引取業者，フロン類を基準にしたがって適正に回収し，自動車メーカー・輸入業者に引き渡すフロン類回収業者，

廃車を基準にしたがって適正に解体し，エアバッグ類を回収し，自動車メーカー・輸入業者に引き渡す解体業者，解体自動車（廃車ガラ）の破砕（プレス・せん断処理，シュレッディング）を基準にしたがって適正に行い，シュレッダーダスト（クルマの解体・破砕後に残る老廃物）を自動車メーカー・輸入業者へ引き渡す破砕業者が関連事業者として，それぞれの役割が義務づけられている。そして，自動車メーカー・輸入業者は，自ら製造または輸入した車が廃車された場合，その自動車から発生するシュレッダーダスト，エアバッグ類，フロン類を引き取り，リサイクル等行うこととされている。

自動車は，年間約350万台程度が廃車されており，総重量の約80%がリサイクルされ，残りの約20%がシュレッダーダストとして従来は主に埋め立て処分されてきた。しかし，最終処分場の容量が不足してきたこと，これに伴って処分費用が高騰してきたことに起因する廃車の不法投棄・不適正処理の防止，オゾン層破壊や地球温暖化問題を引き起こす要因となるカーエアコンに冷媒として充填されているフロン類の回収処理，自動車解体時に専門的技術が必要となるエアバッグ類の適正処理などを目的として，リサイクルの仕組みとして自動車リサイクル法がつくられている。

1. 10　家電リサイクル法（特定家庭用機器再商品化法）

家電リサイクル法は，一般家庭や事務所から排出された家電製品（エアコン，テレビ（ブラウン管，液晶式，有機EL式，プラズマ式），冷蔵庫・冷凍庫，洗濯機・衣類乾燥機）から，有用な部分や材料をリサイクルし，廃棄物を減量するとともに，資源の有効利用を推進するための法律である。対象となる家電製品の不法投棄，不適正処理，不適正な管理を防ぎ，無許可業者を排除する役割を果たしている。不要になった廃家電を引取ってもらうにはリサイクル料金と収集・運搬料金を支払う必要があり，リサイクル料金はメーカーごとに，収集・運搬料金は小売業者ごとに異なっている。

1. 11　その他のリサイクル関連法案

その他のリサイクル法には，食品リサイクル法（食品循環資源の再生利用等の促進に関する法律），建設リサイクル法（建設工事に係る資材の再資源化等に関する法律），小型家電リサイクル法（使用済小型電子機器等の再資源化の促進に関する法律）などがある。

1. 12　再資源化高度化法案（資源循環の促進のための再資源化事業等の高度化に関する法律案）

政府は2024年３月，廃棄物の再資源化を促す新法案（再資源化高度化法案）を閣議決定している。ペットボトルやアルミニウムといった廃棄物を一定量確保するため，自治体をまたぐ広域的な収集や事業規模拡大を容易にすることを目的としており，国からリサイクル事業計画の認定を受ければ，自治体ごとに必要だった廃棄物処理法の許可などの手続きを省略できる。認定の対象として，廃ペットボトルを化学的な処理で再びペットボトルにする事業をはじめ，高度な技術を使った太陽光パネルや風力発電ブレードのリサイクルなどを想定している。加えて，廃棄物の選別に人工知能（AI）を導入して精度を上げる事業なども対象としている。

2　国内におけるプラスチック回収・リサイクルの現状

廃プラスチックは一般廃棄物，産業廃棄物のいずれにも分類されることがある。その判断基準は「事業活動に伴って生じているか」であるが，事業所から排出されるペットボトルなどについては自治体によっても判断が異なる事態となっている（表4）。

廃プラスチックは，回収される際にはポリエチレン，ポリプロピレンというような種類の区別なく回収され，破砕，焼却，埋め立てなどの処理が行われている。しかし，リサイクルの際には用途に応じて選別する必要があるため，ペットボトルなど単一のプラスチック素材でできた製品は排出時に個別回収したり，複数のプラスチック素材からなる製品については，破砕後に素材を選別するなどの工程が必要となる。

一方，日本容器包装リサイクル協会の調査結果によると，材料リサイクル事業者が同協会の再商品化事業を通して2022～2023（令和4～5）年度に販売した再商品化製品の量は表5のようになる。同協会は，再商品化率（収率）が45～50％の場合，PEは6割以上，PPは約8割が有効に利用されている反面，PSは約2割，PETは3％しか利用されていないと指摘している。

表4　廃プラスチックの区分例

区分	概要	具体例
産業廃棄物	事業活動に伴って廃棄されるプラスチック	プラスチックコンテナ，プラスチックを含むスクラップや包装資材など
一般廃棄物	事業活動以外から廃棄されるプラスチック。家庭から出るごみなど	ビニール袋，発泡スチロール，ペットボトルなど

出典：リバー㈱　エクーオンライン【2024年度版】廃プラスチック回収・リサイクルの現状
https://www.re-ver.co.jp/ecoo-online/waste-disposal-low/20230315.html

表5　再商品化製品別の販売量

（単位：トン，％）

製品名	令和4年度		令和5年度		R4～R5合計	
	販売量	構成比	販売量	構成比	販売量	構成比
PE	50,925	26.5	51,865	28.4	102,790	27.4
PP	30,796	16.0	32,021	17.5	62,817	16.7
PE・PP混合	96,466	50.2	84,602	46.2	181,068	48.3
PS	13,975	7.3	14,363	7.9	28,338	7.6
PET	70	0.0	73	0	143	0.0
合計	192,232	100.0	182,926	100.0	375,158	100.0

*「PE・PP混合」とはPEとPPの合計量が当該製品の主たる成分となる製品を指す。

出典：（公財）日本容器包装リサイクル協会調査レポート
「プラスチック種類別の有効利用率の推定」

一般社団法人プラスチック循環利用協会が公表している資料（廃プラスチック排出業者（プラスチック製造・加工・使用事業者）を対象に行った産業系廃プラスチックの排出・処理処分に関するアンケート調査結果に基づくマテリアルフロー）によると，2023年の「国内樹脂生産量」は前年対比64万トン減の887万トン，「国内樹脂製品消費量」は再生樹脂分を含め62万トン減の843万トンであった。また「廃プラ総排出量」は，製品寿命の短い包装・容器分野の国内樹脂製品消費量減少の影響を受けて769万トンと前年比52万トン減となっている。このうち，有効利用された廃プラ量は688万トンで前年比37万トン減となり，リサイクル率は89％にあたる688万トンであった。廃プラ総排出量の内訳は，「一般系廃棄物」が387万トン，「産業系廃棄物」が382万トンで，一般系廃棄物は338万トン（87.3％），産業系廃棄物は350万トン（91.6％）が有効利用されている。

分野別では，一般系廃棄物では「包装・容器等／コンテナ類」（291万トン，75.1％），産業系廃棄物では「電気・電子機器／電線・ケーブル／機械等」（121万トン，31.6％）が多く，この２つで全体の64.8％をしめている。また，樹脂別ではポリエチレン，ポリプロピレンが主要な廃棄物となっており，両者で58.2％を占めている。

有効利用率89％の内訳は，マテリアルリサイクル22％，ケミカルリサイクル3％，サーマルリサイクル（エネルギー回収）64％で，有効利用率のより一層の向上のためには，11％（81万トン）を占める未利用の単純焼却（58万トン，3％），埋め立て（24万トン，3％）をリサイクルの流れの中に取り込んでいく必要がある。

一方，マテリアルリサイクルの利用先としての廃プラスチック輸出量は，プラ屑（マテリアルリサイクル目的で破砕・洗浄等の中間処理を施した廃プラ）として54万トン，再生原料（ペレット，インゴット，フレーク等）として71万トンの合計125万トンで，マテリアルリサイクル品の約70％が輸出されている。それに対して輸送用パレットや土木建築用資材，日用雑貨等の再生製品や廃PETボトルからの再生繊維などの国内循環利用は25％程度で，ほぼ横ばいで推移している。

現在，日本国内のプラスチック回収・リサイクルが直面している喫緊の問題の１つが，中国をはじめ東南アジアの各国における廃プラスチック関連規制強化の影響により，廃プラスチックの輸出が困難になっていることである。日本で生じた廃プラスチックの多くは，これまで資源として中国やASEAN諸国などに輸出されてきた。しかし，輸出されたプラスチック屑が資源として活用されず，不法投棄などにつながりやすいケースが指摘され，また，2021年には有害な廃棄物の国境を超えた移動を規制する国際条約（バーゼル条約）改正されて，汚れたプラスチック屑の輸出には相手国の同意が必要であるとされた。この流れを受けて，中国や東南アジアの国々が全面的あるいは部分的に輸入を禁止したため，日本の廃プラスチックの輸出先がなくなっている。

一方で，日本ではサーマルリサイクル以外のプラスチックリサイクル率が低いことも問題となっている。日本では60％以上がサーマルリサイクルされており，マテリアルリサイクルやケミカルリサイクルされている割合はプラスチック総排出量の約25％程度にとどまっている。近年は，気候変動への対処という観点からも，CO_2排出量の削減が世界的に求められており，プラスチックを燃やす必要がある現状のサーマルリサイクルは省CO_2化に適していない。

このような状況において，日本国内でプラスチック資源循環を実現していくためには，リサイクル材の価値向上，用途の拡大を通じた需要喚起も大きな問題となってくる。現状，マテリアルリサイクル材は主に物流用パレットや擬木など限られた製品となっている。また，製品の売り先としての需要が弱く，価格も安価なため，供給量の増加には限界が生じている。またコスト的にも，リサイクル材は異物除去や選別などの前処理工程が必要であり，その後製造工程に入るため，バージン材よりも割高になるケースも多い。したがって，プラスチック資源循環のためには，マテリアルリサイクルの比率拡大に加えて，技術的には進展しているものの，コストや効率面で課題が残っており，普及しているとはいえないケミカルリサイクルの早期実用化が重要な課題となっている。

第4章　プラスチックリサイクル技術と企業の取り組み

シーエムシー出版　編集部

1　サーマルリサイクルの現状と今後の方向

1. 1　サーマルリサイクルの概要

サーマルリサイクルは，廃プラスチックを焼却処理して，エネルギーとして回収する技術である。日本国内では，全国のごみ焼却所1,067カ所のうち約7割がサーマルリサイクルを使用しており，熱エネルギーは温水や蒸気になり，暖房や浴場・温水プールなどに活用されている。海外では，サーマルリサイクルは廃棄物を新しい製品につくりかえていないため，リサイクルとはいえないという国もあり，エネルギー回収や熱回収と呼ばれている。欧州では，サーマルリサイクルは「熱を回収する方法」として考えられており，リサイクルではなく「リカバリー」に分類されリサイクルと分けられている。

サーマルリサイクルは，ごみとして捨てられるはずの廃プラスチックや紙類などを資源として利用しており，焼却した際の熱を利用している。その中で廃プラスチックの発熱量は他の資源よりも大きく，紙類の2～3倍あり，石炭や石油などの化石燃料にも引けを取らないため，化石燃料の消費量の削減に役立っている。また，サーマルリサイクルは焼却するとごみの体積が小さくなるため，通常のごみより埋立地のスペースを使わない。さらにプラスチックは劣化が進むと温室効果ガスのメタンを発生することが確認されているが，サーマルリサイクルでは，劣化する前に回収したプラスチックを資源として燃やし，エネルギーを得るため，メタンの発生を防ぐことができる。

一方，サーマルリサイクルでは，廃プラスチックや紙類などの資源を燃やす際に，熱と一緒に温室効果ガスの二酸化炭素を発生する点が短所となっている。また，資源を燃やすと二酸化炭素以外に，有害物質であるダイオキシンなどを発生する。現在は，ダイオキシン類対策特別措置法の施行や廃棄物処理法の改正によって，排出されるダイオキシンの推定総重量は減少しているが，この点もサーマルリサイクルの短所となっている。

サーマルリサイクルの処理方法には，ごみ焼却熱利用，ごみ焼却発電，セメント原・燃料化，固形燃料化（RPF，RDF）などの方法がある。特に，ごみ焼却発電は近年重要なエネルギー源として再び注目を浴びつつある。ごみ焼却の技術には，ストーカ式焼却炉，流動床焼却炉，ガス化溶融炉などがあり，最近では二酸化炭素やダイオキシン等の有害物質の発生を防止する技術革新が進んでいる。

1.2 ごみ焼却発電の現状

1.2.1 ストーカ式焼却炉

ストーカ式焼却炉は最も古い歴史を持ち，最も普及している焼却方式である。ストーカ式焼却炉はごみをストーカ上で移動させながら燃やすもので，乾燥→燃焼→後燃焼で構成されている。ごみピットへ投入，貯留されたごみは，ごみクレーンによって，焼却炉に投入される。焼却により生じた熱によって廃熱ボイラ内で発生した蒸気は，蒸気タービンに入り発電のために使用され，蒸気タービンからの排気蒸気は，蒸気コンデンサで水に戻され，ボイラ給水に使用される。一方，焼却炉から出た排ガスは廃熱ボイラ，エコノマイザ，減温塔により温度を下げられる。その後，ろ過式集じん器によってばいじん（飛灰）・塩化水素・硫黄酸化物・ダイオキシン類，脱硝反応塔によって窒素酸化物を除去，無害化した後煙突から大気へ放出される。また，焼却炉から出た焼却灰は灰押出装置により灰ピットに送られ，灰クレーンにより搬出される。ろ過式集じん器で集められた飛灰（排ガスとともに飛んでいく灰）は，飛灰処理装置で無害化される。

No.1メーカーのタクマはストーカの豊富なラインナップを有しており，あらゆる自治体の特徴に合致した焼却炉を提供している。廃プラスチックなどが多く含まれ，ごみの熱量が高い自治体に対しては，冷却性能に優れた水冷火格子を採用することで，ストーカの耐久性向上と長寿命化を可能にしている。また，同社はろ過式集じん器出口の排ガスを焼却炉内に戻す「排ガス再循環システム」や，レーザー式 O_2 分析計を用いた「高度自動燃焼システム」などの高度な燃焼システムにより，ダイオキシン類などの発生を抑えつつ，安定した低空気比燃焼を実現している。

JFEエンジニアリングは，世界で初めて高温空気燃焼技術をごみ焼却プラントに適用し，さらに排ガス再循環技術と組み合わせることで，安定した低空気比燃焼を実現している。安定した低空気比燃焼を行うことにより，排ガス中の一酸化炭素や窒素酸化物といった有害物質の発生を抑制し，さらに排ガス量を減少させることで熱損失を大幅に低減し，廃熱回収効率の向上を実現した。また，燃焼室内に設けた中間天井で未燃ガスと燃焼ガスを二分し，ガス混合室で正面衝突させて混合攪拌燃焼する二回流ガス流れ炉を開発することで，未燃ガスが完全燃焼し，排ガス中のダイオキシン類や一酸化炭素，窒素酸化物を低濃度に抑制することに成功している。そのほか，火格子（ストーカ）は，可動火格子と固定火格子を交互かつ水平に配置している。各火格子はゴミの流れる方向に上向きに取り付けられており，可動火格子が固定火格子の上を往復運動することでごみの送りと攪拌，燃焼用空気の通気を効果的に行えるようになっている。また，同社が開発したハイブリッドACCシステムは，炉内燃焼モデルに基づく制御に加え，モデル化が困難な突発的，短期的な燃焼変動に対してはファジー制御を取り入れ，低空気比運転においてもCO等の未燃ガスの完全燃焼を達成しながら，さらに蒸発量の安定化も実現した次世代型の高度燃焼制御システムである。

プランテックは，独自開発の燃焼技術「SLA燃焼方式」により，高性能・低環境負荷を実現した竪型ストーカ式焼却炉の「バーチカル炉」を開発している。SLA燃焼技術では，ごみを炉内に厚く積み上げ，下部火格子より少量の一次燃焼空気（空気比 $\lambda = 0.5$ 以下）を送る。投入されたごみは自重で下方に移動しながら熱分解し，均質な可燃ガスと炭化物に変換されるため，不均質なごみであっても安定的に燃焼することが可能になる。可燃ガスと炭化物となったごみが閉じた空間内で逆方向に（可燃ガスは上方へ，ごみは焼却炉下部へ）移動するため熱効率が高く，ごみを長時間，炉内に滞留させることができる。上部空間へ移動した可燃ガスは，二次燃焼空気により，有害物質の発生を抑制しながら完全に燃焼し，一方の炭化物となったごみは燃焼して灰になりながらも炉内に長く留まるため，焼却灰中の未燃物は数時間かけて完全燃焼し，焼却灰は同社独自の排出機構により炉下へ排出される。新しく炉内に投入されたごみは，炉の下部より上昇してくる酸欠の高温還元ガスにより，燃やさずに乾燥・熱分解されるため，水分の多い低カロリーの廃棄物だけでなく，産業廃棄物や医療廃棄物のような不均質かつ高カロリーのごみであっても，ごみ質の変動は炉内で常に均され，様々なごみは燃料のように自燃する。そのため，通常運転中はバーナーによる助燃が不要となっている。

1. 2. 2　流動床式焼却炉

流動床式焼却炉は，炉内に充填した流動媒体（流動砂）の下部から空気を均一に送って流動層を形成することを特徴とする炉である。この炉の中に破砕したごみを投入し，高温の流動層の中で焼却処理を行う。流動砂は600～800℃の高温に温められており，焼却熱を利用してごみを短時間で燃焼させることができる。最近では，排ガス処理設備を持ったタイプの焼却施設も新たに整備されている。

流動床式焼却炉の長所は，燃焼効率が高いことと連続運転が可能なことである。ごみと砂の電熱効率が高いことから，含水率が高いごみ（生ごみなど）の場合でも燃焼効率がよい。また，燃焼時間も早い，立ち上がりや立ち下げが早いなどのメリットかある。さらに，流動床式焼却炉は運転中でも異物や不燃物を抜き出すことが可能なため連続運転が行えるほか，プラスチックについても湿ベースで上限50％まで混入ができる。

流動床式焼却炉は，昭和50年ごろからごみ処理に用いられており，ストーカー式焼却炉に次いで設置施設数が多い。

1. 2. 3　ガス化溶融炉

ガス化溶融とは，一般廃棄物（ごみ）を熱分解し，生成された揮発性ガスと炭化物（チャー）をさらに高温で燃焼させて溶融する技術である（図1）。ダイオキシン類の発生を抑制し，廃棄物を減容化するとともに溶融固化物であるスラグも回収・リサイクルできるといった利点がある。ストーカ式の焼却施設で焼却灰を溶融・資源化する場合は，溶融施設等を併設する必要があるため，ガス化溶融施設としてリニューアルする施設が増えている。ガス化溶融方式には，キルン式，流動式，シャフト式などの方式がある（表1）。

ガス化：約450～600℃の低酸素の還元状態で廃棄物を加熱（蒸し焼き）し，ガス（CO，CO_2，

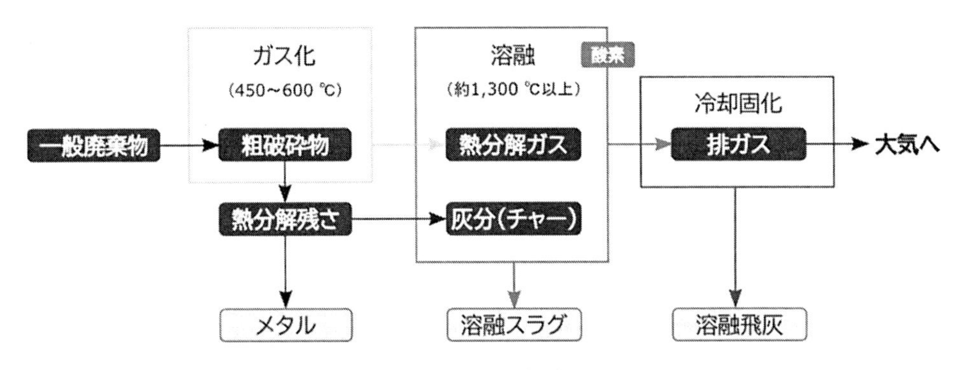

図1　ガス化溶融の物質フロー

出展：国立環境研究所「環境展望台」

表1　ガス化溶融施設の分類

方式	代表的な方式	加熱方式
分離方式	キルン式	間接
	流動床式	直接
一体方式	シャフト炉式	直接

水素，メタン等）と炭素分を多く含むチャーに分解する。このプロセスで廃棄物中のアルミや鉄などの金属は酸化されていない状態で回収できる。

溶融：1,200～1,300℃以上の高温でガスを燃焼させ，チャーを溶融して溶融スラグとして回収する。また，シャフト式では，廃棄物中の鉄などの金属類もメタルとして分離回収される。

排ガス・飛灰処理：高温で気化した成分が排ガスとともに飛散して灰（飛灰）となるため，排ガス処理や飛灰の回収設備も併設される。

実際のガス化溶融プラントでは，ガス化溶融設備以外に，ごみの受入れ・供給，スラグ・メタル処理，排ガス処理，余熱利用などの各設備が組み合わされている。

ガス化溶融施設は，ガス化と溶融を１つの炉で行う一体方式と別々に行う分離方式に大別される。加熱方式には，廃棄物を熱分解する際に，高温のガスで直接加熱する直接式と間接的に加熱する間接方式とがある。ガス化溶融設備は，この基本的な方式の中で，プロセスの内容によってさらに多くの種類がある。

日鉄エンジニアリングは2023年12月，同社が提供する廃棄物処理設備「シャフト炉式ガス化溶融炉」向けの「バイオマスコークス」の製造技術を独自開発し，シャフト炉の実機に適用できることを確認したと発表している。同社は，シャフト炉の還元剤として利用する石炭コークスから発生する CO_2 を抑制しカーボンニュートラル化を推進するため，操業技術の最適化や低炭素型シャフト炉の開発などによるコークス使用量の極小化に取り組むとともに，オガ炭など一般に流通するバイオマスコークスによる代替可能性の検証を行ってきた。シャフト炉向けに独自開発したバイオコークスに関して，東部知多衛生組合の東部知多クリーンセンターでの実機試験によって，従来のコークスを100%代替可能であることを確認している。今後は，これまで取り組んできた一般流通品の検証と並行して，独自開発したバイオマスコークスの実装投入に向けて，製造プロセス最適化，安定供給スキーム構築などの取り組みを加速する。

JFEエンジニアリングは製鉄技術を応用した連続出滓化の実現により，炉前出滓作業を最小化している。従来の間欠出滓に比べて作業時間は大幅に低減され，また運転員の特殊技術も不要になった。ごみはコークスにより高温で均一に溶融され，重金属類の含有量が少ない良質で安全なスラグが得られる。スラグはコンクリートブロック，焼成タイル等，メタルは銅製品へとほぼ全量有効利用され，最終処分量を大幅に削減できる。

荏原環境プラントの「EUP®加圧二段ガス化システム」は，廃プラスチックなど高カロリーなごみを熱分解し，一酸化炭素と水素が主成分の合成ガスを製造する，流動床式の低温ガス化炉（同社技術）と高温ガス化炉（旧宇部興産の技術）を組合せた加圧式のガス化技術である（図2）。高温ガス化によりダイオキシン類精製の心配がないことに加え，灰は溶融スラグとして回収しセメント原料等に再利用できる。レゾナックに納入されている処理量195トン／日の設備では，容器包装リサイクル法により収集された「その他プラスチック」から水素ガスを得て，アンモニアの合成を行っている。

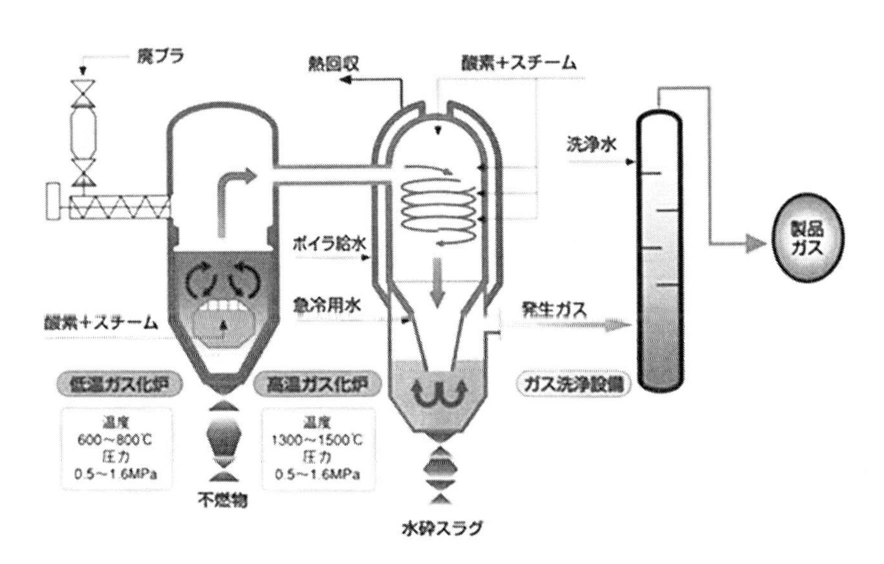

図2　荏原環境プラントの「EUP® 加圧二段ガス化システム」
出典：荏原環境プラントホームページ
https://www.eep.ebara.com/business_technology/technology_3.html

1.3 固形燃料化の現状

固形燃料化技術は，ごみからRDF（Refuse Derived Fuel）やRPF（Refuse Paper & Plastic Fuel）などの固形燃料を製造する技術である。RDFは可燃性の一般廃棄物を主原料とする固形燃料であり，RPFは分別収集された古紙やプラスチックを主原料とした固形燃料である。製造された固形燃料は，暖房用燃料や工場の燃料などに使用されている。

2021年度のRPF需要は1,600トン，生産量は1,560トンで，生産量は2013年度比で141.8%と増加傾向が続いており，2023年以降，2030年までに40万トンの新規需要が見込まれている。需要は製紙メーカーのニーズが堅調であるが，今後は他業界からの需要創出が見込まれている。RPFは，石炭と同等の熱量を持ちながらCO_2を約33%削減できる。

また，固形燃料を活用した発電所も稼働しており，福岡県の大牟田リサイクル発電所では，RDFを燃料とする発電事業が行われている。同発電所のごみ処理能力は1日315トン，発電出力は20MWとなっており，福岡県内の複数自治体で排出されるごみを処理して発電を行っている。JFEエンジニアリングが2023年3月に大牟田リサイクル発電の株式を100%取得して完全子会社として事業を承継している。さらに，熊本市では，同市とJFEエンジニアリングによって設立されたスマートエナジー熊本が，ごみ焼却発電で生産された電力を市の施設へ供給している。

東洋紡は2023年10月，燃料を石炭から液化天然ガス（LNG）および古紙・廃プラスチック類を主原料とした固形燃料のRPFに転換することで，温室効果ガスの年間排出量を，従来の4割以上に相当する約8.0万トン削減した岩国事業所の自家火力発電所（リニューアル）を竣工した。リニューアルにあたっては，燃料転換に加えて，発電設備から発生する高温排ガスやLNGの冷熱を有効利用する省エネ制御技術を導入している。同事業は，経済産業省の「令和2年度省エネルギー投資促進に向けた支援補助金（エネルギー使用合理化等事業者支援事業）」に採択され，大阪ガスの完全子会社であるDaigasエナジーと共同で実施された。

東ソーは2022年7月，南陽事業所（山口県）の老朽化した自家用石炭火力発電所の1つを廃止し，新たにバイオマスを主燃料とした発電所を新設することを決定している。既存の自家発用火力発電所は，主に石炭を使用していたが，新設する発電所では，木質系燃料に加え，建築廃材やRPF等の廃棄物系燃料を利用して，温室効果ガス排出量削減を図るとともに廃棄物の有効利用にも取り組む。将来的にはバイオマス専焼を目指し，これによりCO_2排出量を年間約50万トン削減する。同発電所は2026年4月の発電開始を予定しており，東ソーグループの温室効果ガス排出量削減目標（2030年度までにGHG排出量を2018年度比で30%削減）に大きく貢献する見込みである。

自治体から一般家庭にいたるまで水環境の維持管理業務を幅広く事業展開しているオガワエコノスは，自社グループ5拠点と業務提携工場4拠点の多数の協力工場を加えて，廃プラスチックの処理事業を展開している。鵜飼工場・岡山工場・仙台工場での製造が可能であり，JIS基準のRPF，計216.8トン／日の処理能力を有しており，廃プラスチック類，木くず，紙くず，繊維くずなどをRPF固形燃料として再生している。

1.4　サーマルリサイクルの将来動向

日本におけるプラスチックのリサイクルは，その多くがサーマルリサイクルである。排熱利用はもちろん，発電にも応用されるなど，有効な技術にも見えるサーマルリサイクルであるが，CO_2の排出が今後の課題として顕在化している。このような課題の解決策として，社会のバイオマス化を志向することで温暖化問題を解決しようとする動きが活発化している。石油由来のプラスチックのバイオマスプラスチックへの切り替えが進展すれば，廃棄され，焼却された際にもカーボンニュートラルとなる。今後はリサイクルとともに，こうしたバイオマス素材への切り替えを推進していくことが重要な施策となる可能性が大きい。

また，ポリカーボネートやポリウレタンなど高い強度や耐熱性などを持つ機能性プラスチックは，CO_2を原料として製造することが可能であり，これらの分野における研究開発が活発化している。2024年6月，産業技術総合研究所と東ソーは，常圧・低濃度のCO_2からポリカーボネートやポリウレタンの原料となるジエチルカーボネートを合成する触媒反応の開発に成功している。従来の高圧・高純度のCO_2を用いる方法は多大なコストとエネルギーを要するという課題があったが，同手法によって常圧・低濃度のCO_2を活用できれば，コスト等の削減が期待されている。

さらに，近年，太陽エネルギーを活用してプラスチックの原料を製造する人工光合成技術の研究も活発化している。

2　マテリアルリサイクルの現状と今後の動向

2.1　マテリアルリサイクルの概要

マテリアルリサイクルは，使用済みの製品や部品を物理的・化学的処理によって原材料に戻し，再生原料として利用する技術である。この取り組みは，廃棄物の削減や資源の循環利用を促進し，持続可能な社会の実現に向けた重要な取り組みの1つとして期待されている。マテリアルリサイクルは，使用済み製品や部品の回収→分別・解体→破砕・粉砕→物理的・化学的処理による原材料化→再生原料の品質管理→再生原料の製品化という工程で実施される。こうしたプロセスを経ることによって，新たな資源の採掘や加工に伴う環境負荷を削減し，資源の循環利用を促進することができる。マテリアルリサイクルには，資源の有効活用や環境負荷の低減以外にも，新たな原材料の製造に比べ，新たな原材料の製造に比べ再生原料の製造にかかるエネルギー消費が少ない，再生原料の利用により，原材料コストを削減できる可能性が生まれるなどのメリットもある。そのため，マテリアルリサイクルを推進することで，持続可能な資源循環型社会の実現に近づくことが可能になる。マテリアルリサイクルは，資源の循環利用と環境負荷の低減に最も直接的に貢献するリサイクル方法であるが，他のリサイクル方法と組み合わせることで，より効果的な資源循環を実現することができる。

マテリアルリサイクルには，水平リサイクル（レベルマテリアルリサイクル）とカスケードリサイクル（ダウンマテリアルリサイクル）がある。水平リサイクルは，廃棄物を同じ製品の原料として再利用するリサイクル方法で，使用済みのペットボトルを再度ペットボトルに，古紙を再生紙にリサイクルすることなどがあげられる。水平リサイクルでは，原油から製造するよりもCO_2排出量を抑えることができる。一方，カスケードリサイクルは，廃棄物が同じ製品の原料としての品質を満たさない場合に，品質レベルを一段階下げた製品の原料としてリサイクルする方法で，ペットボトルを衣類などにリサイクルする方法がある。カスケードリサイクルは水平リサイクルに比べ，手間が少なく容易に行えるのがメリットとなっている。

また，マテリアルリサイクルには，リサイクル対象となる材料によって様々な種類がある。アルミニウムなどの金属のマテリアルリサイクルでは，使用済みの金属製品を回収し，溶融・精錬することで，再び同じ品質の金属材料として再生することができる。アルミ缶のリサイクルでは，新たなアルミニウムの採掘に比べ，エネルギー消費を約95％削減できる。そのほかにも，鉄，銅，真鍮などの金属のマテリアルリサイクルが行われている。

一方，プラスチックのマテリアルリサイクルでは，使用済みのプラスチック製品を回収し，種類ごとに分別した上で，粉砕→洗浄→再ペレット化することで，再生プラスチック原料として再利用している。PETボトルのリサイクルでは，使用済みのPETボトルを回収し，粉砕・洗浄・再ペレット化することで，再生PET樹脂として，新しいPETボトルやポリエステル繊維の原料として利用している。農業用ビニールハウスやパイプなどに使われるポリ塩化ビニル（PVC）は，プラスチックに比べて異物混入の影響をあまり受けないことから，さまざまなマテリアルリサイクルが実施されている。パイプやタイルカーペットは，レベルマテリアルリサイクルにより同じものに再生され，ビニールハウスは，ダウンマテリアルリサイクルで床材などに再生されている。

ガラスのマテリアルリサイクルでは，使用済みのガラス製品を回収し，破砕・選別した上で，新しいガラス製品の原料として再利用している。事業活動で出る産業廃棄物としてのガラス（ガラスくず）には，建築や解体の現場で出る割れたガラスの破片，ガラスの製造過程における不良品や破損したガラス製品などがあり，板ガラス，ガラス管，ガラス粉，蛍光灯，ブラウン管，グラスウール，ロックウール，ガラスロックなど様々な種類のガラスくずがある。ガラスくずは，長い年月や時間の経過での劣化が少ないのでリサイクルに向いている素材であり，現在は約70％がリサイクルされており，15％程度が回収後中間処理業者によって破砕され，安定型最終処分場にて埋め立て処理されている。主なリサイクルの方法は，細かく破砕して，カレットとして再利用する方法で，カレットはガラスの原料となり，新たな製品に生まれ変わる。廃棄後に回収されてこのカレットに加工されたワンウェイ瓶は，ガラス原料（けい砂・石灰石・ソーダ灰など）に添加することで，より少ないエネルギーコストでガラス製品を製造できる。そのため，循環型社会の推進へ向けて，リターナブル瓶など再使用を前提とする容器（瓶）と並んで注目されている。また，ガラスくずは細かく粉砕されて舗装材として再利用されることもある。

紙のマテリアルリサイクルでは，オフィス古紙のリサイクルなどが行われており，使用済みの紙製品を回収し，パルプ化することで，再生紙の原料として利用されている。

繊維のマテリアルリサイクルでは，使用済みの衣類などを回収し，裁断・粉砕することで，再生繊維の原料として利用する方法である。ウールやコットンなどの天然繊維は，回収した繊維をもう一度元の繊維状に戻して紡ぎ直している。また，ペットボトルやプラスチック製品は，粉砕したり溶解したりした後に再生する。PETボトルはポリエステル繊維としてマテリアルリサイクルが実施できている代表的な事例となっている。

しかし，現状は使わなくなった洋服の半分以上がごみとして廃棄され，焼却，埋め立て処分されている。繊維リサイクルされている洋服は15%程度（2022年）であり，持続可能な社会を実現するうえでは使い終わった繊維を資源としてリサイクルし，循環させることが大切で，繊維リサイクルされる洋服の割合を高めていくことが求められている。

そのほかにも，木材，コンクリート，アスファルトなど，様々な材料のマテリアルリサイクルが行われている。

2. 2　マテリアルリサイクルの課題と展望

マテリアルリサイクルに積極的に取り組んでいるEUの推計によると，2021年のプラスチック包装廃棄物のマテリアルリサイクル率は39.7%（EU27カ国平均）となっている。最高はスペインの56.4%，最低はマルタの20.5%で，EUのマテリアルリサイクル目標22.5%を達成している国は，27カ国中26カ国，全体の96%となっている。それに対して，2021年に日本で生産されたプラスチック樹脂のマテリアルリサイクル率は21%である。算出方法は異なっているが，日本は欧州に対して大きく後れを取っている。

日本でマテリアルリサイクルの普及率が低い理由には，リサイクルの分別や再利用のための設備の不足，リサイクルしたプラスチックの品質低下，リサイクルにかかるコストなどが障害となっている。マテリアルリサイクルにはプラスチック廃棄物の収集，分別，再生処理，製品化，輸送などのプロセスがあり，加工する装置や人的な手間が必要となる。また，リサイクル用設備の設置費用や維持コスト（人件費や電気代など）もかかるため，マテリアルリサイクルの普及阻む一因になっている。また，一部のプラスチック素材，特に複合素材を使用したプラスチックや汚染されたプラスチックは，現在の技術ではリサイクルが難しい場合が多い。

一方，リサイクルによって品質が低下しやすい主な原因は，熱履歴（材料が受けた温度変化の履歴）による劣化と材料管理の不備による影響によるものである。プラスチックは，高温環境に放置されると一般的に熱劣化や加水分解を起こして物性が変化，素材によっては，熱劣化により高分子が切断され分子量の低下を引き起こす。それに伴い材料の変形量が小さくなり脆化する。また，端材や廃材，再生材の材料管理が不十分な場合には，工場内の油分，粉塵などが成形中に素材に入り込み，成型後の製品が強度低下を起こす要因となる。さらに，ポリカーボネートなどの加水分解を起こしやすい材料は，再生材の乾燥が不十分な場合，水分を吸収して加水分解を起こし，機械的強度が低下してしまう。

マテリアルリサイクルを推進するうえでは，工業製品のモノマテリアル化が重要になる。モノマテリアルは，製品を構成する材料の多くを単一の素材を使用して製造することである。モノマテリアルで製品化された材料は使用後にリサイクルする際の分離処理が不要になることで，分別する作業が不要であり，さらに分解しやすく，再利用がしやすい。また，モノマテリアルは再生可能な素材を使用することが多く，その場合は環境への負荷をさらに低減できる。バイオプラスチックなどの再生可能素材を使用することで，化石燃料の消費を抑え，CO_2 排出量を削減することにつながり，企業は環境に配慮した製品を提供することで，消費者からの信頼を得ることも期待できる。

また，モノマテリアルを採用することで，複雑な工程を省略し，リサイクルの効率を大幅に向上させることができる。さらに，モノマテリアルは品質の均一性が保たれやすいため，リサイクル後の製品の品質も安定しやすいという利点があり，リサイクル素材を使用した製品の市場価値が向上すれば，経済的なメリットも期待できる。

モノマテリアルの導入は，長期的な視点で見るとコスト削減にもつながる。初期投資は，モノマテリアルの開発や生産ラインの変更が必要となることがありコストがかかるが，リサイクル効率の向上により，廃棄物処理コストが削減されるため，総合的なコスト削減が期待できる。また，環境規制が厳しくなる中，モノマテリアルを採用することで，将来的な規制対応コストを抑えることができる。EU のようにプラスチック廃棄物の削減を目指す規制が強化されれば，企業は対応するためのコストを負担する必要が生じるが，モノマテリアルを採用することで，こうした規制に迅速に対応し，追加コストを回避することができる。

さらに，消費者の環境意識が高まる中，持続可能な製品を提供する企業は市場競争力を高めることができ，環境に配慮した製品を選ぶ消費者が増える中で，モノマテリアルを採用することでブランドイメージの向上とともに，売上の増加も期待できる。

2. 3 モノマテリアル化へ向けた技術開発動向

2. 3. 1 食品包装・容器

食品業界で最も身近なモノマテリアルの例としては，ペットボトルのリサイクルがあげられる。従来，ペットボトルは本体とキャップ，ラベルが異なる素材でつくられることが多く，リサイクルの際に分別が必要であったが，最近では本体とラベルが同じ素材でつくられたモノマテリアルのペットボトルが登場している。これにより，リサイクル工程が簡素化され，効率が大幅に向上した。

コカ・コーラは「プラントボトル」という，一部に植物由来の素材を使用したペットボトルを開発し，リサイクルしやすい設計を採用している。また，ラベルレスとして，同じ素材で表示部分もつくられているため，リサイクルの際に分別の手間が省ける。これにより，リサイクル率が向上し，環境負荷の低減が期待されている。

味の素は，「ピュアセレクトマヨネーズ」のパッケージをリサイクルしやすいモノマテリアルで製造している。マヨネーズは，空気中の酸素により，つくりたてのおいしさが損なわれてしまうため，パッケージはボトルへの酸素の侵入を防ぎ，品質を守るためのバリア層とポリエチレンでつくられている。同社のピュアセレクトマヨネーズは，ポリエチレンの割合が高いボトルにするために，様々な努力を積み重ね，実現させてきた。ボトルを構成する素材が変わると，従来のボトル寸法と比べ，コンマ数ミリの差が生じ，マヨネーズ包装ラインのボトル検査工程で不具合が発生する。よりリサイクルしやすい包材を使用するため，包装現場では設備の調整など，日々試行錯誤を行い，ポリエチレンの割合を高めている。

また，子会社の味の素冷凍食品では，モノマテリアル化素材を積極的に採用しており，流通上の製品保護の目的でプラスチックトレーを使用せざる負えない製品には，リサイクルしやすいポリプロピレンのモノマテリアル素材を採用している。

エフピコアルライトは，エフピコグループが製造・販売する食品トレー表面のポリスチレンフィルムを生産，供給している。リサイクルされた発泡ポリエチレンシート（PSP）を食品に使用するためには，表面をフィルムで覆う必要があるが，食品トレーを覆うフィルムとPSPは分別が不可能であることから，同社はPSPと同素材のフィルムを供給してモノマテリアル化することで食品トレーから新たな食品トレーへのリサイクルを可能にしている。また，フィルムに鮮やかな色彩の印刷を施すことで，食品の魅力を高めている。

東洋紡は2025年1月，高耐熱性と易接着性の両立を実現した環境配慮型の二軸延伸ポリプロピレン（OPP）フィルム「パイレン EXTOP XP311」を発表している。同フィルムは，従来食品包装用に求められる耐熱性と接着性を満たすためにPETやPPなどの複合素材が利用されてきた包装用フィルムにおいて，モノマテリアル化を実現しており，同社では同年春以降の販売を日指している。新開発のパイレン EXTOP XP311は，同社が長年培った製膜技術を駆使することで耐熱性と接着性を大幅に向上し，高い耐熱性によりヒートシール（熱接着）など高温処理が必要な工程においてフィルムの熱収縮率を低減し，熱シワの影響を抑えられる。それに加えて，優れた接着性により，複数のフィルムを貼り合わせる際，一般的な包装用PETフィルムと同等レベルのラミネート強度を実現している。これにより，従来のOPPフィルムでは難しかったPETフィルムの代替が可能になり，包装材のモノマテリアル化の実現に貢献できる。さらに，同製品は，業界最薄レベルの16 μmの厚みやOPPとしての比重の軽さにより，プラスチック使用量の削減（減容化）にも寄与している。

大日本印刷（DNP）は，パッケージ関連事業の拠点であるDNPインドネシアで，モノマテリアル包材の生産・販売に注力している。DNPグループは2018年にモノマテリアル包材の開発をスタートして実用化に成功，リプトン・ティーアンドインフュージョン・ジャパン・サービスの紅茶葉のパッケージで採用されたほか，粉末食品，調味料ソース，化粧品，洗濯洗剤，シャンプーなど，多くの採用例を有している。同社はマルチマテリアルで発揮してきた機能をモノマテリアルで実現するために，耐熱性（クライアントの製造効率を落とさないこと）とバリア性（既存のパッケージと同等の性能を持たせること）を開発のポイントとしており，耐熱性やガスバリア性など，求められる機能を発揮するベースとなるPEフィルムやPPフィルムの配合から設計して，基材やヒートシール層のフィルムを製造するフィルム製膜技術，高いバリア性を実現するアルミ蒸着などを実現する蒸着技術，フィルム製膜技術・蒸着技術と掛け合わせて，酸素や水蒸気などの気体の透過を防ぐ性能をさらに高めるバリアコート技術を生かしてモノマテリアルフィルムを製造している。また，DNPインドネシアは，パッケージ業界でいち早く，使用済みのプラスチックリサイクル材を活用したパッケージを発売するなど，水平リサイクルによる環境配慮型パッケージ等のプロセス開発にも取り組んでいる。

2024年11月，東洋インキは，複数のパートナーと共同で複層モノマテリアルパッケージに関する水平リサイクルの実証試験を行い，再生材を30％使用したフィルムが実用レベルの品質を確保していることを確認している。複層モノマテリアルパッケージの試作開発は，リプトン・ティーアンドインフュージョン・ジャパン，TOPPAN，東洋インキが剥離脱墨可能な複層モノマテリアルパッケージの開発を行い，フタムラ化学が再生材を用いたフィルムの成型と物性評価を行った。出来上がった試作品は，酸素や水蒸気から内容物を保護しつつ，東洋インキの剥離ラミネート接着剤と脱墨コーティング剤で構成されている。リサイクルの過程でアルカリ処理し，フィルムを剥離し印刷されたインキを剥がすことで，不純物が少なく透明度が高い高品質な再生材を取り出すことに成功している。

フタムラ化学は，食品包装業界としては国内ではじめて，廃食用油などの再生可能資源に紐づいたマスバランス方式によるバイオマスプラスチックフィルムを製品化している。バイオマスの認証制度として欧州で採用されているISCC（国際持続可能性カーボン）認証を取得しており，サプライチェーン全体に関わる企業がISCC認証を受けるとトレーサビリティが実現する。石油由来原料と同じ方法で製造された原料であり，従来の性能や安全性を維持しつつバイオマス由来に代替できることが魅力となっている。ファミリーマートの「ファミマecoビジョン2050」プラスチック対策に向けた取り組み（年間約7トンの石油系プラスチックを削減)」の一環として，手巻おむすび全商品の包材フィルムをバイオ素材への配合に変更している。

TOPPANは，世界トップシェアの透明バリアフィルムGL FILMを軸とした「GL BARRIER」ブランドで培ったバリア技術とコンバーティング技術を活かして，モノマテリアル化に対応するフィルムとパッケージの開発と製造を行っている。同社のモノマテリアルパッケージは，単一素材でありながらこれまでマルチマテリアルでしか実現できなかった各種機能を維持できるのが強みとなっている。高いバリア性を有し，耐熱性，耐水性に優れレトルト殺菌に対応できるグレードや，高水分・液体の内容物にも対応しボイル殺菌も可能なグレードがあり，幅広い用途で使用できる。同社は，様々な基材のバリアフィルムと同素材のシーラントを組み合わせることで，モノマテリアル構成でありながら高いバリア性を有するモノマテリアルバリアパッケージを展開している。

「PPモノマテリアルパッケージ」は，GL BARRIERの蒸着，コーティング技術を活かし，従来のPPフィルムでは難しかったレトルト殺菌処理に要求される耐熱・耐水性能を有しており，リサイクルに適したモノマテリアル構成のパッケージをレトルト食品のパッケージとして使用できる。金属を使用していないため，電子レンジ調理や金属探知機による異物検査にも対応している。同製品は世界中でのサンプル出荷を通じて2023年より本格販売されている。

2. 3. 2　医薬品包装

高齢者の増加を背景に医薬品包装材の需要は高まっているが，現状ではその再生利用が十分に行われていない。プラスチック製品は環境問題やリサイクルへの意識の高まりとともに関心が高まっているが，医薬品包装材についてはあまり話題にもならず，これまでもリサイクルが活発に行われてこなかった。しかし，医薬品包装材は年間1万3,000トンが生産され，その多くが廃棄されている。

このような状況において，医薬品包装材は製薬会社が中心となり，回収，リサイクル，CO_2削減に向けた取り組みが開始されつつある。医薬品包装材をリサイクルするうえで困難が伴うのは，現状では，回収・リサイクルされるプラスチック製品の多くが，モノマテリアル素材の廃棄物であり，医薬品の包装材であるプラスチックとアルミの複合素材であるPTPシートはリサイクル資源としての認知が低く，ペットボトルなどのように多くの回収・リサイクルができていないということである。PTPシートは，医療品包装材として必要不可欠である特性から削減が難しく，さらに今後も高齢化の進展に伴い使用量の増加が見込まれている。国内の医療関連市場は高齢化などにより拡大傾向にあり，それに伴って医薬品の包装材として使われるPTPシートなどのプラスチックごみの廃棄量も増加しつつある。製薬各社はPTPシートの再利用や素材を見直すなどし，廃棄物やCO_2排出量の削減につなげる動きを活発化させている。

そのような状況の中で，住友ベークライトはモノマテリアルPTPシート製品を上市している。「スミライトVSS」シリーズは，医薬品用PTP包装材料のために，厳密な管理の下に生産された硬質塩化ビニル単層シートで，世界に先駆けて，米国食品医薬品局（FDA）規格に適合する無可塑硬質塩化ビニルシートとして配合を確立した。それ以降，PTP包装材料として国内外で幅広く使用されている。同シリーズは，住友ベークライトが誇る最新鋭のカレンダー設備により，GMPの思想に添い，厳密な管理の下で製造されている。防湿，遮断等様々な機能を付加した豊富な製品を取り揃えて，医薬品メーカーの様々なニーズに対応している。また，「スミライトVSS-UV」シリーズは，紫外線および可視光線による医薬品の変色，変質を防ぐために，遮光機能を付与した無可塑硬質塩化ビニルシートで，吸収波長によって透明シリーズと着色シリーズがラインナップされている。

「スミライトNSシリーズ」は，最新の高速機にも対応できる厚み精度，成形性，収縮安定性を備えた，PTP用PPシートである。PP仕様の成形機で極めて安定した成形シールが行える。

また，PTP用途を想定して十分な視認性を確保できるよう，優れた透明性を実現している。適度な剛性が有り，スムーズなPress Throughが可能である。さらに，配合技術により優れた防湿性を実現しており，CPPの弱点である成形性を改良する様々な工夫により良好な成形性も有している。一方，「スミライトNSバイオマス」シリーズは，植物由来原料を使用した環境対応PTPシートで，従来のPP系フィルムより高防湿で低温かつ広い温度帯で成形が行える。合成高分子化合物中にバイオマス由来成分を50%以上含んでいる。

パッケージを核として医薬品・化粧品・食品・トイレタリー＆ケミカル・メディカルの5分野を主体として事業展開を進めているカナエは，医薬品用途で使用する包装材「モノマテリアルPTP」を開発している。同製品は，リサイクル認証を取得したモノマテリアルのPTP包装で，既存のPTP包装機（CKD社製FBP-300E）で包装できる。蓋材，成形材ともにポリオレフィン系樹脂のみで構成され，リサイクル適性を考慮した設計となっている。ドイツの認証機関である独立試験研究所（Institute cyclos-HTP）よりポリプロピレンとしてのリサイクル適性を評価され，製品仕様での認証を取得している（製品のリサイクル認証を取得される場合は，別途顧客の製品仕様での評価が必要）。また，食品用途の「チャック付きモノマテリアルパウチ」は，ポリオレフィン系の単一素材で構成された，リサイクル適性を考慮した設計で，アルミ箔を使用せず，バリアフィルムの使用で高い水蒸気／酸素バリア性を実現している。サプリメント，健康食品，飲料（粉末・顆粒）などの用途で使用されている。

中外製薬と住友ベークライトは共同で，医薬品の包装材を環境配慮型のものに切り替える取り組みを進めている。中外製薬は，2022年よりPTPシートのアルミ部分や注射剤を密閉して保存する包装に再生PET素材を活用するなど，環境への負荷を軽減する取り組みをスタートさせた。住友ベークライトが開発した包装材には，原料の50%以上にバイオマスプラスチックが使用されており，薬の包装材として重要とされている薬を酸素や異物から守る高い性能も保たれることが確認されている。同社では新しい包装材へ順次切り替えをはじめている。さらに，両社は錠剤を入れるプラスチックボトルもバイオマスプラスチックを9割以上含むボトルに変えることを発表している。コスト面の課題はあるものの，回収されて焼却する際にCO_2を抑えられるバイオマスプラスチックを使用することで，環境に与える影響を低減することを目指している。

アステラス製薬も一部医薬品の包装で，PTPシートの原料の50%をサトウキビ由来に変更している。また同様に，協和キリンもバイオマス素材を活用できるか検証を進めている。ただし，素材のバイオマス化は，湿気の通しやすさや耐久性などに影響があるためすべての医薬品の包装材をバイオマス素材で代替することは困難である。

オリックス環境は，医薬品包装材に使用されるPTPシートをプラスチックとアルミ素材に分離する新しい技術を活用した「PTPマテリアルリサイクル」の設備を船橋工場に導入している。新技術と鉄道へのモーダルシフトを活用して，医薬品包装材のサーマルリサイクルからマテリアルリサイクルへの転換を図っていく（図3）。

2023年6月，武田薬品とオリックスグループで廃棄物処理および再資源化サービスを提供す

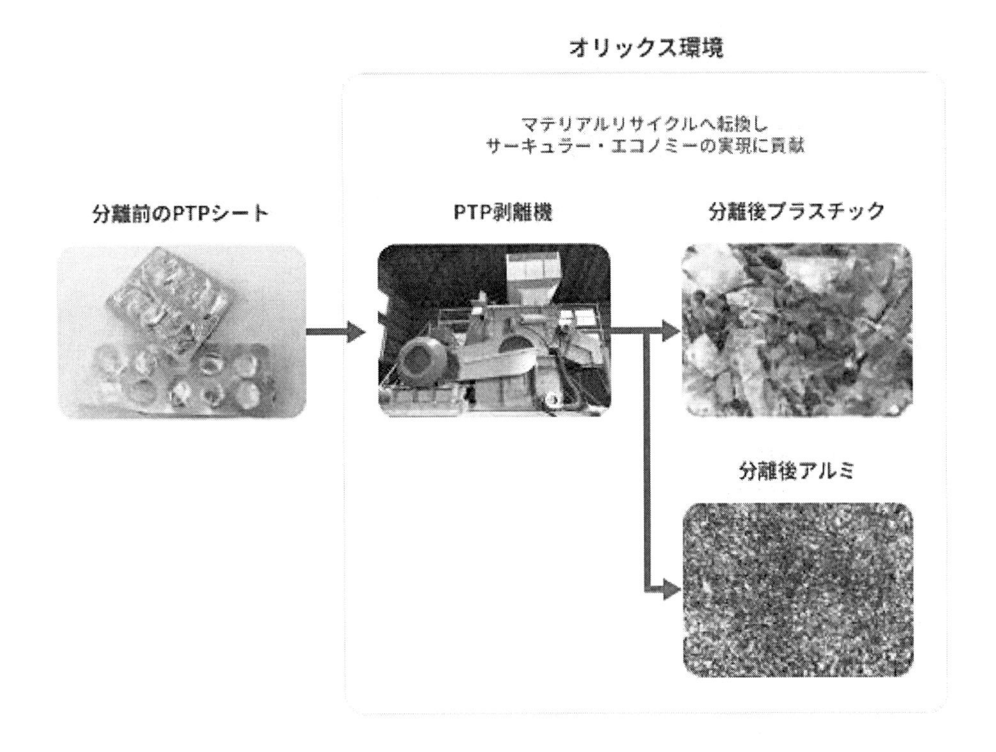

図3　オリックス環境のPTPマテリアルリサイクル

出典：オリックス環境㈱ホームページ
https://www.orix.co.jp/eco/service/06/

るオリックス環境，JR貨物の3社は，武田薬品が製造する医療用医薬品の製造過程で生じるPTPシート廃材のリサイクルとその輸送における環境負荷低減に向けての取り組みを開始している。武田薬品がオリックス環境に委託する「廃棄物処理委託によるPTPシート廃材の再生利用（マテリアルリサイクル）」は，製薬企業としては国内初の試みであった。オリックス環境はプラスチックとアルミニウムを完全に剥離し，再生利用が可能であることを実証し，武田薬品の工場から排出される年間約101トンのPTPシート廃材のうち約95%にあたる約96トンを再生利用する。また，PTPシート廃材の輸送を従来のトラック輸送から，JR貨物の環境負荷の小さい貨物鉄道輸送サービスへ切り替え，CO_2排出量の削減も図る。3社は再生利用およびCO_2排出の少ない輸送手段への切り替えにより，循環型社会への貢献に加えて，CO_2排出量の削減も目指す包括的な取り組みを進めていく。

2024年5月，大塚製薬と大鵬薬品工業も，同様の仕組みを使用してPTPシートのマテリアルリサイクルを実現している。

写真感光剤に含まれる銀の回収・精錬を原点に，産業用貴金属材料・使用済貴金属の回収・精製など貴金属・環境事業を主力とする松田産業は大同樹脂と技術提携し，廃PTPのマテリアルリサイクルに共同で取り組んでいる。大同樹脂が保有する分離技術と同社の様々な金属原料への知見を融合させ，PTPのプラスチックフィルムとアルミ箔の分離に特化したリサイクル設備を導入して事業を展開する。同社は，2023年6月に破砕分離設備を用いた廃PTPシートのマテリアルリサイクルスキームの産業廃棄物処分業許可を取得している。

2022年，アステラス製薬とエーザイ，第一三共，武田薬品工業の4社は，医薬品包装分野での環境負荷低減の取り組みを進めるため，企業横断的な取り組みをはじめた。技術や情報共有を進め，各社が掲げる環境負荷低減の目標達成を目指す。

第一三共ヘルスケアはテラサイクルジャパンと共同で，2022年10月より日本ではじめてのリサイクルプログラム「おくすりシートリサイクルプログラム」を横浜市で実施している。同プログラムは，使用済みのおくすりシート（PHPシート）を回収しリサイクルするプログラムで，横浜市の一部薬局，病院，公共施設などが専用回収BOXを設置して協力している。消費者は使用済みのPHPシートを専用回収BOXまで持参することで，回収物の量に応じてテラサイクルポイントが付与され，寄付金に換金される（1ポイント1円，11～20枚で2ポイント，21～30枚で3ポイント…）。本人がポイントの取得を希望しない場合，回収箱に投入された分のポイントは自動的にチャリティーに寄付される。購入場所，製品ブランドは問わず，PHPシートであるならば健康食品などのシートも対象となる。回収されたPHPシートは，アルミとプラスチックが分離されて，それぞれ再生素材（再生プラスチック，再生アルミニウム）としてリサイクルされる。

プログラム開始以降，生活者をはじめ関連業界や教育機関等からの反響が大きく，開始時に目標回収量を10万枚としていたところ，実施期間の約半分で目標の約3倍を達成し回収拠点も病院，公共施設などを中心に拡大している。

2. 3. 3 日用品・消費財

日用品・消費財業界で持続可能な包装への移行が，注目すべきトレンドの1つとなっている。環境への関心の高まりに伴い消費者の購買行動が変化して，環境に優しい選択肢を求める傾向が強くなっている。各社はリサイクル可能な素材を使用し，包装廃棄物を削減し，シンプルさと持続可能性を伝えるデザインを選択するようになりつつある。

(1) 容器資材（洗剤など）

PETボトルは最もリサイクルが進んでいる容器の1つであるが，日用品容器でもモノリサイクル化の動きが推進されている。2022年度の食品を含めたPETボトルのリサイクル率は86.9%を達成しており，ボトルtoボトルの水平リサイクルは16.9万トンとなっている。今日では，PETボトルのキャップやラベルも単一素材でつくることが可能になっており，モノマテリアル化が進んでいる。

リンテックの「リバスタ」は，PET製容器と同質素材を使用したモノマテリアルラベル素材で，ラベル素材の表面基材および粘着剤層にポリエステル系樹脂を使用することでモノマテリアル化を図っている。ペットボトルの洗浄工程で行われるアルカリ温水洗浄で脱墨可能な印刷コートを使用することで，リサイクル適性を向上している。

TOPPANは2024年10月，使用するプラスチックフィルムを，すべてポリエチレン（PE）ベースのフィルムとした液体用途向け詰替えパウチのサンプル提供を開始している。これにより同社のモノマテリアルバリアパッケージは，PETとPPとあわせて3種類になった。通常のポリエチレンベースのフィルムはパッケージを手で開封する時にフィルムが延びてしまい切りづらいが，独自のレーザー加工を施した易カット機能を付与しており，PETフィルムやCPPフィルムを張り合わせたマルチマテリアルのパッケージと，同等の易カット機能を付与している。トイレタリー業界のシャンプー・リンスなどの液体用途の詰め替えパウチや，健康食品，業務用食品などと主対象としている。同製品は，液体製品用途に求められる密封性や落下強度などの性能を持つ詰め替えパウチであるうえ，単一素材で構成されているのでリサイクル適性が向上している。また，充填機の機械改造は不要で，一般的な充填機で製造できる。

一方，消費財メーカーでは花王が2021年4月，衣料用濃縮液体洗剤「アタックZERO」(4品）で，100％再生プラスチックのPETを採用している。プラスチック循環社会の実現に向けて，日本におけるプラスチック包装容器への再生プラスチックの活用を本格化し，2025年までに使用量の多い国内日用品のPET素材のボトルをすべて100％再生PETに変更する。アタックゼロに加えて，食器用洗剤の「キュキュットClear泡スプレー」(3品）にも100％再生プラスチックのボトルを採用した。

同社は，2018年に「私たちのプラスチック包装容器宣言」を公表し，リデュース，リプレイス，リユース，リサイクルの観点で，包装容器に使用されるプラスチック資源の削減に努めている。これまでにも包装容器の薄肉化，つめかえ・つけかえの促進と大容量化，内容物の濃縮化，つめかえ用の包装容器で使われている薄いフィルム素材を本品容器として使うことで，プラスチック使用量を大幅に削減するプラスチックボトルレス化などに取り組んできた。

2020年には東京都の「プラスチックの持続可能な利用に向けた新たなビジネスモデル」公募の事業者に採択されている。日用品メーカーの花王が主体となり，TOPPAN（当時は凸版印刷)，国内資源循環に取り組む市川環境エンジニアリング，NPO法人の地球船クラブエコミラ江東や元気ネット，通販業者で循環型製品の積極的活用を計画するヴィアックスからなるバリューチェーンと，業界の枠を超えて連携して，モノマテリアルでできたつめかえ用フィルム容器や剥離が容易なタックラベル（直接印刷によるプラスチック汚染の回避)，再生プラスチックを活用したボトル容器といった具体的な製品の開発と使用済み包装容器の回収を含めた資源循環型システムの社会実装を目指している。

モデル事業で回収する使用済み包装容器のペレット化には，エコミラ江東が江東区で行っている，住民が洗浄した食品用ポリスチレン容器（食品トレイなど）を個別回収し，エコミラ江東で異物除去等を行うことで純度の高いプラスチックペレットに再生する事業の仕組みを適用している。実証期間終了後も，使用後のつめかえ用フィルム容器を回収・洗浄・ペレット化し，そのペレットより作成した再生プラスチックを用いたボトル容器の試作は，花王が取り組んでいる。また，将来的には詰め替え用フィルム容器から詰め替え用フィルム容器への水平リサイクルの実現を目指している。

(2) 家電

テレビや冷蔵庫などの家電製品では，家電リサイクル法により資源の有効活用が図られている。家電リサイクル法では，有用な部品や材料を回収し，新しい製品に再利用することが求められており，廃棄物の削減と資源の有効利用が図られている。

パナソニックと三菱マテリアルは，全国の家電リサイクル工場や家電製品等の修理拠点から回収した廃プリント基板を製錬処理し，金・銀・銅を取り出して，再びパナソニックグループのモノづくり等に活用する非鉄金属の循環（PMP ループ）を実現している。2011 年の開始以来，リサイクル原料の回収から再利用までのプロセスを一貫してマネジメントし，定常的な資源循環を実現しており，回収した銅を例にとると，製錬の代替による CO_2 削減量は累計で約 3.3 万トンに及び，CO_2 削減にも寄与する取り組みとなっている。回収した銅は資源循環型建築を目指す 2025 年日本国際博覧会（大阪・関西万博）パナソニックグループパビリオンの銅線原料にも活用されている。

ビジネススキームは，パナソニックソリューションズ（PETS）が，全国の家電リサイクル工場や家電製品等の修理拠点から回収した廃プリント基板の加工処理をパートナー企業に委託して，破砕，製錬で不要となる鉄・アルミ資源を除去して品位を高めた状態で，三菱マテリアルに納入する。三菱マテリアルは，製錬処理により廃プリント基板から金・銀・銅を取り出し，PETS に素材として返還，回収した金・銀・銅は，金メッキ液や銅線などに加工された状態で再びパナソニックグループのモノづくり等に活用される。これまでに PMP ループによって廃プリント基板から回収した素材の総量は，金 1.1 トン，銀 33 トン，銅 8,100 トンに達している (2024 年 12 月時点)。PMP ループは資源の循環利用だけでなく，金属資源を鉱石から製造する必要がないことから，CO_2 削減にも寄与する取り組みとなっており，PMP ループで回収した銅 8,100 トンに対する製錬の代替による CO_2 削減量は，累計で約 3.3 万トンに達している。

シャープは「自己循環型リサイクル技術」を業界に先駆けて開発，回収した家電製品のプラスチック部材を再商品化している。同技術では，まず家電製品を解体し，プラスチック廃材を素材別に分け，次に，ラベルやパッキンなどの異物除去，細かく粉砕，洗浄などを行い，純度の高いプラスチック廃材を取り出す。プラスチック廃材は使用環境により性能が低下していることが多く，そのままではリサイクルすることができないため，傷んだ廃材はその傷み具合を把握して，適切な添加剤を加えることで，新しい材料と同等の性能に修復する。耐衝撃性を改善するゴム成分や耐久性を改善する酸化防止剤など，どの添加剤をどの程度ブレンドするのかがノウハウで，

0.1%レベルでの調整が必要な繊細な作業となる。

同社は，2017年に液晶テレビと冷蔵庫の廃材をブレンドして，高機能HIPS（高衝撃性ポリスチレン）を開発している。同素材は1つ目の廃材として，液晶テレビのバックキャビネットに使用される難燃HIPSを自己循環型マテリアルリサイクル材として利用している。バックキャビネットには，外部からの衝撃に耐え，基板などの熱を発生する内部部品が万が一発火しても燃え移らないように，衝撃強度と難燃性を備えた材料が使われている。2つ目の廃材として，冷蔵庫のトレーや棚板などに使用されているGPPS（汎用ポリスチレン）をブレンドする。この材料は，非常に硬く，剛性が高い（変形しにくい）のが特長である。さらに，ブレンドした廃材の傷み具合に応じて，必要な特性を改善・付与するために，難燃剤，難燃助剤，衝撃改修材，ドリップ防止剤，酸化防止剤などの添加剤を加えて，それらを最適な比率でブレンドし，難燃HIPSの衝撃強度と難燃性とGPPSの剛性を兼ね備えた高機能HIPSリサイクル材の量産化に成功している。高機能HIPSは，難燃HIPSとGPPSのブレンド比率を変えることで，高い難燃性を保ちつつ，衝撃強度と剛性のバランスを自由に変化させることができる。

(3) 繊維

日本で手放される服の量は，年間69.6万トン（2022年）にのぼる。2022年度の調査によると，服を手放すとき，その10%が古着として販売・譲渡・寄付され，22%が地域・店頭で資源・古着として回収され，68%が可燃ごみ，不燃ごみとして廃棄されている。服を大量に購入しては廃棄している一方で，日本の衣料自給率（原料ベース）は0%に近い。現在の主たる繊維である綿，羊毛，化学繊維に関して，日本の綿花栽培は衰退し，優れた毛質を持つメリノ種の羊は日本の気候に合わず，化学繊維の元となる石油は輸入に頼るしかない状況であり，すでに市場に出回っている服を再生することは，自給率向上の重要な要因となっている。

経済産業省は，繊維製品から新たなリサイクル繊維をつくる「繊維to繊維」のために，2030年までに5万トンの服の回収を行うことを目標として掲げている。これは手放される服の7%程度にあたる。回収量だけを見ると実現不可能な値には見えないが，現在リサイクルされているのはウェスやフェルト用途など需要の限られたカスケード用途であり，繊維to繊維リサイクル率は，世界でみても1%に満たない。5万トンの服を繊維to繊維リサイクルさせるためには，単純に回収ボックスを増やして回収量を増やすだけでは達成できず，リサイクルして製造した服をまた販売するというループをつなげる必要がある。

繊維to繊維を実現するための大きな技術的課題は，繊維製品の複合素材化が進んでいることである。綿とポリエステルを混紡した糸からつくられた服を分離させることには困難が伴っている。ファッション製品においてもモノマテリアルのリサイクル技術は確立されつつあるが，1,000 kgの服を回収したところ，綿100%素材の服は17.2%，ポリエステル100%の服は10.3%だった一方で，2種類以上の繊維を含む服は64.7%を占めており，リサイクルに向いたモノマテリアル製品は少ないというのが現状である（国立研究開発法人新エネルギー・産業技術総合開発機構「第1回繊維製品の資源循環システムの検討会 繊維製品の資源循環システムの構築に向けた技術開発について」)。

また，異素材が組み合わさった服（綿100%のシャツに化学繊維のチュールが縫いつけられている等）や，ボタンやファスナーなどの付属品がある服も多く，服を回収できたとしても，人の手によって1つ1つ外す必要があり，膨大な手間とリサイクルコストがかかる。

したがって，ファッション製品の繊維to繊維リサイクルのためには，回収，再利用のための技術に加えてリサイクルを前提として製品設計が重要になり，紡糸・紡績技術，生地製造時の加工技術等により製品の機能性を維持しつつモノマテリアル化などを進める必要がある。易リサイクル設計の手法としては，機能性を維持した繊維・生地のモノマテリアル化に加え，リサイクルを前提とした染料・加工剤の開発，解体容易性の向上，選別効率化のためのリサイクル情報ICタグの取付け，リサイクルを前提とした付属品の開発などが求められる。

福島県本宮市に本社を置く東和は，熱水で溶ける溶解糸「AMELTIS」を世界で初めて開発した。AMELTISは同社が10年かけて開発した水溶性ビニロンを原料とする縫い糸で，通常の縫い糸が手作業で解かなければならないのに対して，この縫い糸は95℃以上の熱水に30分以上浸すことで溶けるため，縫製製品の各パーツを綺麗な状態で分解でき，分解を格段に容易にする。また従来，染色が不可能といわれていた水溶性ビニロンの染色も独自技術で成功している。現在では150色以上の染色が可能で，幅広い色味のニーズに対応している。この糸を使って縫製された製品は，洗濯・ドライクリーニングも行える。溶解時には溶剤などの薬剤は使用せず，熱水のみで溶けるため環境にやさしく，また原料の水溶性ビニロンの主成分であるPVA（ポリビニルアルコール）は生分解性プラスチックのため，環境への負荷の少なさも特徴となっている。現在はダウンジャケットや羽毛布団などの製品に使われている。

リサイクルを前提とした付属品の開発では，バックコート剤不使用のマジックテープやポリエステル衣服への回収PET生ボタンの使用があげられる。クラレファスニングは2022年11月，リサイクル原料を使用したポリエステル製面ファスナー〈マジックテープ〉を新たに開発した。同社はウレタンなどのバックコート剤を使用しないポリエステル製面ファスナーの独自製法「Pテク」2004年に確立している。リサイクルの妨げとなるバックコート剤が不要で，製造工程におけるCO_2排出量を抑制した環境に優しい製品として評価されているが，原材料の一部に使用済みPETボトルを原料とする再生PET樹脂由来のポリエステル糸を約30%使用した新製品を市場に導入した。ポリエステル100%素材かつバックコート剤不使用のため，マテリアルリサイクルが可能であることに加え，製造工程におけるCO_2排出量を約30%削減（同社比）している。アウトドア，スポーツ，一般アパレル，ユニフォーム，シューズ，バッグ，ファッション雑貨，その他家庭用品，産業用品などで使用されている。

2. 3. 4 自動車

自動車業界では，ボディ，エンジン，内装材などの素材として主に金属が使用されてきたが，現在では自動車を構成する約３万の部品のうち，約３分の１が樹脂でつくられている。中でも，ポリプロピレン，ポリウレタン，ポリアミド，PVC の４種類で，自動車用途に使用される樹脂の 70％以上を占めている。

自動車業界では，持続可能性とリサイクルの観点からモノマテリアル化への取り組みが進められている。取り組み事例の１つとして，熱可塑性エラストマー（TPE）を使用した部品の開発があげられる。TPE は化学的な加硫プロセスを必要とせず，加熱と冷却だけで成形できるため，リサイクルが容易である。射出成形や押出成形といった様々な加工方法に対応でき，また製造過程で出る廃材や不良品も再利用がしやすく，そのうえリサイクルすることで廃棄物を減らし，持続可能性を高めることができる。TPE は優れた剛性と耐久性を有しているので，自動車の内装材や外装材に広く利用されている。

2024 年５月，ポリプラスチックスはモノマテリアル化に貢献でき，かつ耐ヒートショック性を飛躍的に高めた「DURAFIDE PPS 1140HS6」を開発した。同グレードは材料設計を工夫することで ISO 表記を PPS 世界標準の >PPS-GF40< としたまま耐ヒートショック性能を向上，機械的物性やその他基本物性を維持している。PCR（Post-consumer recycle）時には，市場で使用される多くの PPS 部品と分別不要で，回収・リサイクルが可能である。同社は PPS GF40％が射出成形用途で広く採用されているため，GF40％かつ耐衝撃改質剤を使用しない同材料は，一般的な PPS GF40％と同等組成であり，モノマテリアルに含まれると定義している。

ポリフェニレンサルファイド樹脂（PPS）は耐熱性・機械強度・耐久性に優れることから，高耐熱・高耐久が必要な自動車部品，冷熱水衝撃のある水廻り部品，SMT 耐熱の必要なコネクターなどに多く採用されている。また，PPS はガラス繊維等の無機強化材や各種添加材との親和性が良好なため，各用途に応じて様々な成分を含む多くのグレードが市場で使用されている。一方，地球環境問題の観点から樹脂材料のリサイクルが喫緊の課題となっており，適用材料のモノマテリアル化を進める動きが顕在化しており，DURAFIDE PPS 1140IIS6 は，それらの課題を解決する新グレードとして開発された。

PPS は自動車用途において，電動自動車（EV）比率の増大に伴いバスバーと呼ばれる部品への需要が高まっている。バスバーは EV に搭載されるモーター，パワーコントロールユニット，リチウムイオンバッテリー等の各種電装部品における高圧大電流を流す部品であり，電流が流れる銅等の金属部とこれを絶縁被覆する樹脂部で構成され，一般的には金属と樹脂を射出成形で一体化させるインサート成形により製造されている。しかし EV 部品はインサート部品の形状が複雑であり，ヒートショックによりクラックが入りやすくなることがあるため，通常は PPS に耐衝撃改質剤を加えて使用されている。耐衝撃改質剤には，材料強度が損なわれたり，成形時のガスやモールドデポジットが発生しやすくなるなどのデメリットがあるうえ，耐衝撃改質剤を加えた材料はマテリアルリサイクルのトレンドに合致していないという課題があった。同社の新製品グレードは，主として成形時の残留ひずみの低減や線膨張の均質化による内部ひずみの低減により耐ヒートショック性能を担保する材料設計を初めて採用しており，耐ヒートショック性能の向上と機械的物性，その他の基本特性の維持を実現している。

スズキは2024年12月，永大化工と共同開発した自動車向けのフロアマットをスズキの車両で採用すると発表している。マット端材の再利用などで製造時のCO_2排出量を従来製品と比べて7割削減した。重さも4割減り，燃費改善などの効果も見込んでいる。開発したモノマテリアル・フロアマットは全部分がポリエステルでつくられている。複数の素材でつくる従来製品と違い，素材ごとに分離する必要がなくリサイクルしやすい。スズキはカーボンニュートラル（排出実質ゼロ）の達成に向けてリサイクルを前提とした製品設計や車両を軽くする技術に注力する方針を示している。一方，永大化工はホンダなどのフロアマットも手がけており，スズキ以外のメーカーにも開発した商品を展開する予定である。

3　ケミカルリサイクルの現状と今後の動向

3. 1　ケミカルリサイクルの種類と概要

ケミカルリサイクルの技術は，油化，ガス化，原料・モノマー化，コークス炉化学原料化，高炉原料化の5つに大別される。

3. 1. 1　油化

油化ケミカルリサイクルは，使用済みのプラスチックを分解して原料レベルの油にまで戻し，新たなプラスチックの原料として再利用する技術である。混合素材のプラスチックをリサイクルすることができ，選別の労力を削減する点に特徴があり，既存の製造設備を使って，新品同等の高い品質を持った様々な化学品にリサイクルできる（図4）。プラスチック油化ケミカルリサイクルによって，食品用途をはじめ，これまで品質や安全・衛生面の理由からリサイクル材を使用できなかった様々な分野においても，リサイクル材料の利用が広がっていくことが期待されている。

三菱ケミカルグループとENEOSは，三菱ケミカルの茨城事業所（鹿島）で，共同で油化事業を推進し，ケミカルリサイクルプラントを新設している。原料となる使用済みプラスチックの回収・調達はリファインバースグループが担い，ケミカルリサイクルにより製造されたリサイクル生成油は，ENEOS，三菱ケミカルグループ両社の既存設備の石油精製装置およびナフサクラッカーを使用して原料化され，石油製品や各種プラスチックへと再製品化されている。プラントの廃プラスチック処理能力は年間2万トンという国内最大規模で，今後は，プラントの商業運転を通じてさらなる大型化，より多くの廃プラスチック処理の実現を目指していく。

油化ケミカルリサイクルの製造プロセスには，イギリスのMURA Technology社の超臨界水の中でプラスチックを分解し，リサイクル生成油へと再生する先端技術がライセンスされている。

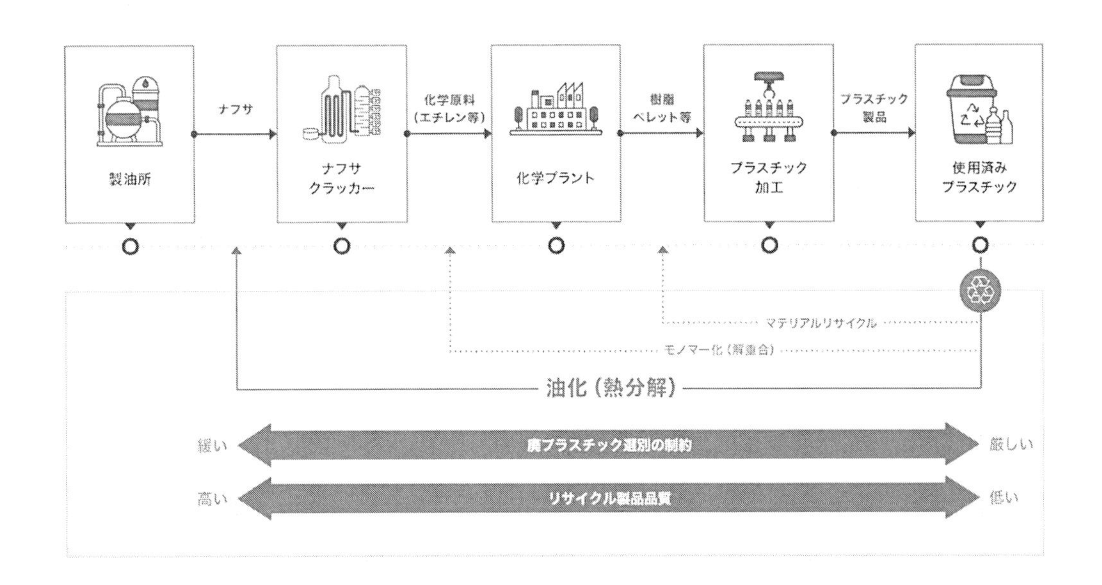

図4　油化ケミカルリサイクルシステムの概要

出典：三菱ケミカル㈱グループホームページ（2025年3月時点）
https://www.mcgc.com/kaiteki_solution_center/oursolution/17.html

＜超臨界水によるリサイクルの流れ＞

① 廃プラスチックを回収し，圧縮成形した状態でプラントへ輸送

↓

② プラント内で粉砕したプラスチックを押出機で溶かし，圧力をかける

↓

③ 超臨界状態の水を用いて，プラスチックを油まで分解

↓

④ 沸点の違いで油を分ける（ナフサ相当の油は三菱ケミカル，燃料油相当の油はENEOSへ）

↓

⑤ 三菱ケミカルグループは，エチレン，プロピレンをはじめとした基礎化学品と誘導品を製造

同油化技術は，異なる種類の廃プラスチックが混ざっていても原料として使用でき，新品（バージン材）と同等の品質で製品を再生できる。また，生産効率にも優れており，連続運転に

より廃プラスチックを継続的に投入し続けることができる。超臨界水を用いることで熱を均一に加えることができるため，過分解によるガスの発生や局所加熱による炭化物の発生を防ぐことが可能で高い収率を実現できるほか，加熱ムラが少なく，全体の加熱温度を下げられることから，エネルギー効率がよいことも特徴となっている。

油化ケミカルリサイクルの短所は，油化反応（熱分解）を起こすための消費エネルギー量が大きいことであるが，ライフサイクル全体で比較すると，廃プラスチックを焼却するよりもGHG排出量の削減が可能となる。また，原料となる廃プラスチックを安定的に収集していく仕組みの構築も課題であるが，現在，世界で発生している廃棄プラスチックのうち，リサイクルされている割合は約9％にすぎず，三菱ケミカルグループは，リファインバース社をはじめサプライチェーン上の企業と協業し，廃プラスチックを効率的・安定的に回収できるスキームの確立を目指している。

日揮グループは2022年，10年間の運転実績を有する国内大型商用装置をベースに，廃プラスチックの油化ケミカルリサイクルに関するライセンスを開始している。同プロセス技術では塩化ビニル（PVC）とPETの混入プラスチックの処理が可能であり，加えて，残渣を適切に排出することで安全かつ安定的な連続運転を実現できる。熱分解油は製油所や化学プラントの既存設備に供給されて再製品化される。同社では，同プロセス技術を用いて，顧客の事業化の検討，ライセンスサービスおよびエンジニアリングサービスの提供を通じ，資源循環バリューチェーンの構築を目指している。同社は，2000年から10年間年間1万5,000トン規模の処理量で商用運転していた旧札幌プラスチックリサイクルの油化処理施設の知見を活用して事業を行っている。

3. 1. 2 ガス化

ケミカルリサイクルのガス化は，廃棄物に化学的処理を加えて水素や炭化水素，一酸化炭素などのガスを取り出す技術である。廃棄物をまず破砕機で粉々にして，低温・高温ガス化炉で処理した後，ガス洗浄装置にかけ合成ガス（シンガス）を得る。この方法で取り出されたガスは，基礎化学品や肥料の原料，環境に有害な窒素酸化物の無害化薬剤などになるアンモニア，工業や医薬品など様々な分野で用いられるメタノールを合成する際の原料に使用される。

＜ガス化ケミカルリサイクルのプロセス＞

① 廃棄物の前処理：廃プラスチックを粉砕し，供給可能なサイズに調整

↓

② ガス化炉での高温処理：600～1400℃の高温で，酸素および蒸気を加えて部分酸化

↓

③ 生成物の精製：シンガスを精製し，水素や化学製品の原料として使用

ガス化はプラスチックを燃やさず熱と圧力でガスに変えるため，大気中にCO_2を放出することがなく，ダイオキシンも発生させないので地球環境を汚染する心配が少ないことが特徴となっている。また，混合廃棄物や汚染廃棄物も処理でき，生成物であるシンガスは燃料や化学原料として幅広く使用できる。一方，課題は高温プロセスが必要でエネルギー消費が大きいことである。

レゾナックは，UBEと荏原製作所がNEDO（新エネルギー・産業技術総合開発機構）の委託により実証した方式を技術導入し，2003年から本格稼動させ，得られたシンガスを原料として製造過程のCO_2排出量が少ないアンモニアを製造している（図5)。

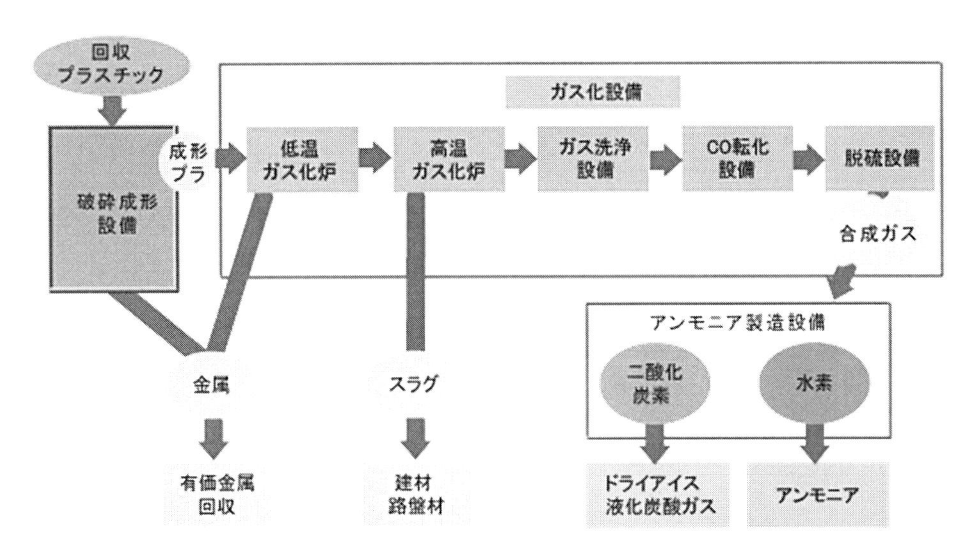

図5　KPR（Kawasaki Plastic Recycle）のプロセスフロー

出典：㈱レゾナック　ホームページ
https://www.resonac.com/jp/kpr/method.html

3. 1. 3　原料・モノマー化

原料・モノマー化は，廃プラスチックを化学分解にて再精製ナフサまで戻す技術である。再精製ナフサからは，再度プラスチックの最小単位のモノマーを生成し，モノマーを重合することで，再度プラスチックを得ることができる。本工程が安価で実現できれば，新規化石燃料を使わず，現在存在しているプラスチック材料を半永久的にリサイクルし続けることが可能になる。

帝人と日揮ホールディングス，伊藤忠商事は2022年12月，ポリエステル製品をケミカルリサイクルする技術をライセンスする共同出資会社「RePEaT（リピート)」を設立している。ポリエステル（PET）を分解・再重合して再生PETを製造する技術で，繊維to繊維の水平リサイクルを行う。帝人と日揮HDがパッケージ化した技術を伊藤忠のネットワークで国内外に提供する。同社は，帝人と日揮HDが45%ずつ，伊藤忠が10%を出資し，ケミカルリサイクル技術のライセンス事業のほか，関連技術の調査，設計，技術指導，コンサルティング業務を行う。ライセンスする技術は「DMT法」と呼ばれ，PETをモノマーに分解・変換し再重合する。その工程で着色されたPET繊維から染料や不純物を除去可能で，バージン原料と同等の再生PETを製造できる。熱利用や他の製品原料にする技術とは異なり水平リサイクルを実現する技術である。

DMT法は，2003年に帝人ファイバーが年間約5万トンのPET樹脂製造を開始した技術である。しかし，その後，廃ペットボトルの輸出が急増し，原料の調達が困難になったため，帝人ファイバーはボトルtoボトル事業から撤退した。しかし，世界各国で廃ペットボトルの輸入が禁止される動きが見られるようになり，再びこの技術が注目されていた。

3. 1. 4 コークス炉化学原料化

コークス炉化学原料化法は，廃プラスチックからコークスや，炭化水素，コークス炉ガスをつくる技術である。家庭から集められた廃プラスチックを細かく粉砕した後，鉄分，塩化ビニルを取り除き，100℃に熱して粒状にし，石炭と混ぜてコークス炉の炭化室に入れる。炭化室内は無酸素状態のため，廃プラスチックは燃えずに高温で熱分解され，高炉の還元剤となるコークス，化学原料となる炭化水素油，発電などに利用されるコークス炉ガスがつくられる。コークス炉化学原料化の工場では，廃プラスチックをほぼ100%再利用することができる。

日本製鉄では，コークス炉化学原料化法による廃プラスチックのリサイクルに取り組んでいる。コークス炉化学原料化法は，分別回収された容器包装プラスチックを製鉄所で事前処理を行った上で，コークス炉において無酸素状態で熱分解し，炭化水素油（40%），コークス（20%），コークス炉ガス（40%）に100%再資源化するリサイクル法である。再資源化した炭化水素油はグループの化学工場等でプラスチック原料等に再生し，コークスは製鉄原料として，コークス炉ガスは製鉄所内のエネルギーとして直接利用している。製鉄所の既存設備を活用してプラスチックを燃やさずに高温で化学分解するため，有害物質の残留もなく，効率性や安全性，CO_2の面で非常に優れたリサイクル手法となっている。

同様のシステムは，日本コークス工業でも取り入れている。同社のコークス製造プロセスは，主に3つのプロセスでエネルギーを節約している。原料の投入工程で廃プラスチックを投入してケミカルリサイクルを行うとともに，コークス製造工程で使用する燃料ガスは原料炭由来のコークス炉（COG）ガスを使用し，工場の電力はコークスを消火する際の排熱を回収した自家発電を使用するなどエネルギーを循環させるエコな製造プロセスを実現している。同社は同システムにより約20%のCO_2を削減している。

3. 1. 5 高炉原料化

JFEスチールは，一般家庭から分別回収されたプラスチック製容器包装を100%子会社JFEプラリソースでリサイクル製品に再商品化し，同社の製鉄プロセスで使用している。高炉原料化システムは，製鉄プロセスでの使用済みプラスチック利用技術の1つであり，使用済みプラスチックのリサイクル製品を直接高炉内に吹き込み，鉄鉱石を還元反応（鉄鉱石から酸素を取り除く化学反応）させ，鉄に変えるための原料として使用するものである。使用済みプラスチックを高炉での還元材として活用するほか，プラスチックについているシールラベルや土などの付着物，アルミ等が積層された複合プラスチック類もリサイクルできる。鉄鉱石は約60%が鉄，残りはシリカやアルミナなどの無機物で構成されているが，高炉内では無機物（灰分）も溶融しており，高炉からは溶けた鉄（銑鉄）と副産物であるスラグ（無機物の溶融物）を回収できる。回収されたスラグは，セメント原料や路盤材（製品）として利用されている。

3. 2　企業によるケミカルリサイクルの主な取り組み事例

3. 2. 1　日本国内の主な事例

(1) アールプラスジャパン

アールプラスジャパンは，サントリー，東洋紡，レンゴーなど，プラスチックのバリューチェーンを構成する12社が共同出資して設立された新会社で，使用済みプラスチックの再資源化事業に取り組んでいる。同社は，原料・容器包装製造，消費財開発・販売，流通，回収・選別にいたるプラスチックのバリューチェーン上の企業により構成されており，参画企業それぞれの持つ強みをいかし，プラスチック循環スキーム構築活動および効率的な使用済みプラスチック再生技術開発の支援を行い，2030年代に日本で年間20万トン規模のプラスチックの再生を目指している（表2）。

同社は，米国のアネロテック社の植物由来原料100%使用のペットボトル開発技術を応用することで，画期的なケミカルリサイクル技術を開発している。アネロテック社はバイオ化学ベン

表2　アールプラスジャパンの参画企業

業種	企業名
商社	岩谷産業
粗原料	三菱ガス化学，三井化学
原料・中間材	東洋紡，サカタインクス，artience，デクセリアルズ，東京インキ
容器・包装	レンゴー，東洋製罐グループ，大日本印刷，TOPPAN，フジシールインターナショナル，北海製罐，吉野工業所，アプリス，シービー化成，リンテック，コバヤシ，日本山村硝子，リスパック，高速，RP東プラ，牛駒化学工業，廣川ホールディングス，四国化工機，共同印刷
消費財	サントリーホールディングス，アサヒグループホールディングス，日清オイリオグループ，カルビー，森永乳業，ダスキン，ヤクルト，サラヤ，資生堂，Mizkan，村田製作所，ハウス食品グループ
金融	日本政策銀行，三井住友信託銀行，みずほ銀行
流通	セブン＆アイホールディングス
選別・前処理	J＆T環境，三友プラントサービス，オガワエコノス

チャー企業で，非食用の植物由来原料から石油精製品と同一性能を持つベンゼン・トルエン・キシレンを生成する技術を保有している。アールプラスジャパンが開発している新技術は使用済みプラスチックを原料として，キシレンのみならず，エチレンやプロピレンなど，一般的なプラスチックの粗原料を生成する技術で，ポリエチレンやポリプロピレン製品が混合した状態からPETの原料となるキシレンをはじめ，様々なプラスチック原料がつくれ，かつ，その工程でのロスが少なく，効率よくリサイクルできることを特徴としている。使用済みPETボトルをPETボトルの原料に戻すというような，原料とリサイクル後の生成物が同一のケミカルリサイクル技術はいくつか開発されていたが，混合樹脂から複数の粗原料を生成する技術は初めてとなる。従来のケミカルリサイクルは，油化工程を経ることでプラスチックの粗原料を生成しているが，新技術によるケミカルリサイクルは１回の変換でプラスチックの粗原料を生成できることが最大の利点で，CO_2排出量や必要エネルギー量の削減が期待できる（図6）。

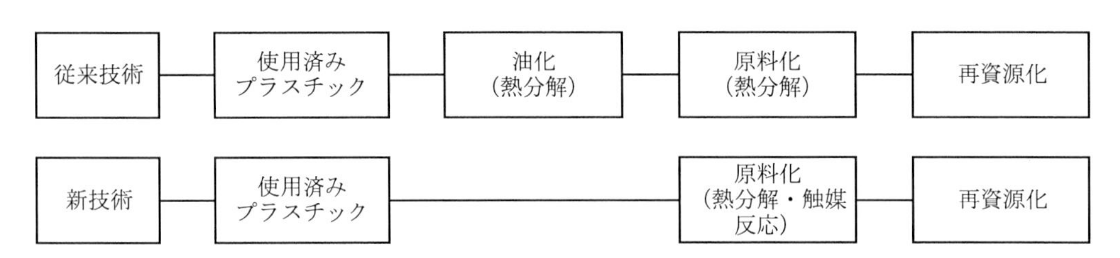

図6　アールプラスジャパンのプラスチックリサイクルのプロセス

2023年9〜12月にかけて，イトーヨーカドー横浜別所店（横浜市南区）で，使用済みの食品用プラスチック容器の回収実証実験を実施した。同取り組みは，アールプラスジャパンのプラ循環スキーム構築分科会に参加している業界横断の取り組みで，回収実証実験では，2022年11月に千葉県東金市で１カ月間実施した回収実証実験の結果を踏まえ，回収対象として新たに納豆容器・弁当容器を加え，期間を約３カ月に延長して実施している。食品用容器は，内容物の多様さに加え，調理温度や保管温度，保存期間が異なるといった諸条件から，内容物の品質を保持するために様々なプラスチック材質が使われており，同社では，開発中の技術への適応の可能性を探るべく，幅広い食品容器へ回収対象を広げている。使用済み食品容器ではにおいや汚れの問題が懸念されるが，同社では東金市の回収実証実験の結果を踏まえて，生活者への事前告知を通じて生活者の身近な店頭で回収することにより，実現性を探った。

(2) レゾナック

レゾナックは川崎事業所でKPR（Kawasaki Plastic Recycle）事業を営んでいる。KPR事業は使用済みプラスチックのアンモニア化事業で，旧昭和電工が家庭や企業で一度利用され商品価値のなくなった使用済みプラスチックをガス化し，アンモニアを製造するものである。アンモニアは，窒素と水素の化合物で，主に石油を精製してできるナフサ等から水素を取り出し，空気中の窒素と合成させて製造される。プラスチックは炭素と水素を主成分としており，主に石油からつくられているので，ナフサなどをプラスチックに置き換え，水素を取り出すことにより，従来の原料と変わらぬものとして利用することでアンモニアを製造することができる。レゾナックのアンモニア化事業は，使用済みプラスチックをガス化し，水素と炭酸の合成ガスを製造し，水素をアンモニア合成の原料とするもので，塩素を含んだプラスチックでもリサイクルが可能で分別の必要がなく，工程内から取り出した塩素分も再び基礎化学品としてリサイクルできる点に特徴がある。また，アンモニア化の過程で生成される炭酸ガスは，大気放出されることなく，ドライアイスや液化炭酸ガスとして利用されており，合成ガス生成過程で回収されるスラグ，金属等は，資源として有効利用されている。

(3) 三井化学

三井化学は2022年に「世界を素から変えていく」をキーメッセージに定め，新しいブランド「BePLAYER」と「RePLAYER」を立ち上げている。前者はプラスチックの原料を石油からバイオマスにすることで，カーボンニュートラルを目指す取り組みであり，後者は廃棄プラスチック等を資源としてリサイクルすることでサーキュラーエコノミーの実現を目指す取り組みである。

同社は，それに先立つ2021年6月，BASFジャパンと日本におけるケミカルリサイクルの推進に向けた協業検討を開始している。バリューチェーン横断的な連携を通じて，日本国内におけるプラスチック廃棄物のリサイクル課題に応えるケミカルリサイクルを日本で事業化することを目指している。共同ビジネスモデルを含めあらゆる可能性を検討しており，BASFが欧州で実証しているケミカルリサイクル技術と，三井化学が持つ技術やエチレンクラッカーなどのアセットと組み合わせることで循環経済の実現を図る。

またマイクロ波化学とは，従来，リサイクルが難しかったポリプロピレンを主成分とする混合プラスチックであるASR（自動車シュレッダーダスト）や，バスタブや自動車部品などに使用されるSMC（熱硬化性シートモールディングコンパウンド）などの廃プラスチックを，直接原料モノマーにケミカルリサイクルする技術の実用化を目指した取り組みを共同で開発している。両社は，2017年に次世代化学プロセス技術の共同開発を推進するための戦略的提携を締結し，一部出資も含めて強固な関係を構築，様々な化学プロセスへのマイクロ波技術の活用について検討を進めている。今回共同で取り組んでいる開発は，マイクロ波化学が開発しているマイクロ波プラスチック分解技術「PlaWave」を用いて，廃プラスチックを直接原料モノマーに分解する技術である。直接原料モノマーに分解することにより，廃棄プラスチックをオイルに戻してからモノマー化する油化手法よりもワンステップ少なくプラスチックに戻せるため効率的である。また，将来的に分解プロセスに使用するエネルギーを再生可能エネルギー由来の電気を使用することでCO_2排出量も削減できる。

そのほかにも，同社は自動車リサイクルの際に発生する自動車破砕残渣（ASR）を油化プロセスにより原料化する取り組みの検討やアールプラスジャパンの取り組みへの資本参加など廃プラスチックのケミカルリサイクルを積極的に推進している。

2024年3月，三井化学，花王，CFPの3社は，ケミカルリサイクルで協業することを発表している。CFPは「ステークホルダーとともにカーボンニュートラルな明日をつくる」を目的として，リサイクルを通して持続可能な社会の構築に取り組んでいる企業グループである。CFPが調達した廃プラ分解油を，三井化学の大阪工場のクラッカーに投入して，バイオマス由来の原料とともにマスバランス方式によるケミカルリサイクル由来の誘導品（化学品・プラスチック）を製造，販売する（図7）。

一方，花王は，同社が関与した廃プラスチックをCFPに供給，油化し，その油を原料に三井化学がプラスチックを製造，再度花王製品へと戻すという循環型のスキームを構築する（図8）。花王は「リサイクリエーション（創造）」を合言葉に，地域やパートナー企業とともに循環型社会への新しいシステム・ライフスタイルの提案を行っている。たとえば，神奈川県鎌倉市，徳島県上勝町などと連携し，回収したつめかえパックを再生樹脂にして，「おかえりブロック」と名

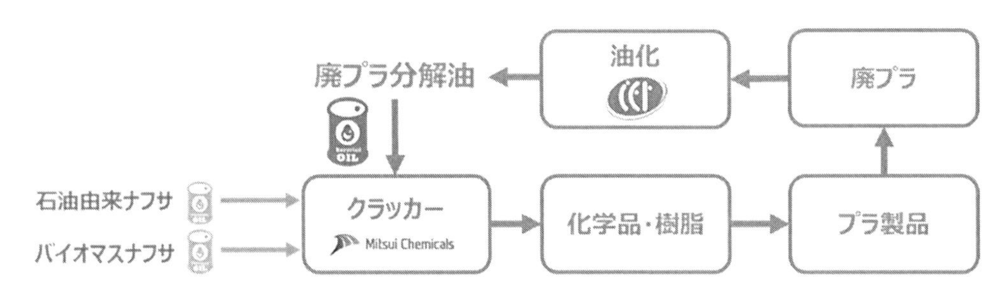

図7　三井化学のケミカルリサイクルのフロー図

出典：三井化学㈱ホームページ（2025年3月時点）
https://jp.mitsuichemicals.com/jp/release/2024/2024_0322/index.htm

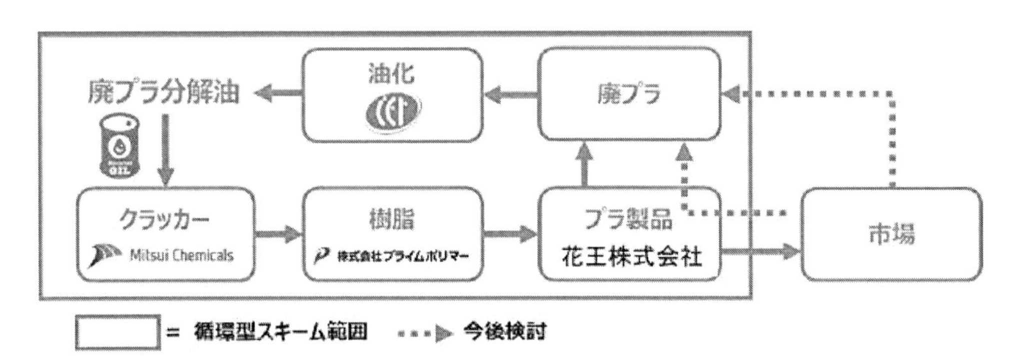

図8　花王とのケミカルリサイクルによる循環型スキームのイメージ図

出典：三井化学㈱ホームページ（2025年3月時点）
https://jp.mitsuichemicals.com/jp/release/2024/2024_0322/index.htm

づけたブロックをつくり，おかえりブロックが地域に戻ってくることで，資源循環が実感できるというユニークなプロジェクトを行っている。

同社は，リサイクリエーションの一環として水平リサイクルにも取り組んでおり，化粧品のボトルにケミカルリサイクルしたPET樹脂を採用している。また，これまで複数のフィルムが使用されていてリサイクルが難しいと考えられてきた詰替えパックの水平リサイクルにも，三井化学グループとの取り組みで成功し，再生材料を約10％使用した洗剤の詰め替えパックを2023年5月に上市している。

(4) CFP

広島県福山市に本社を置くCFPは，合成樹脂事業，油化事業，発電事業を展開している。CFPグループでは油化装置の研究・開発を行っており，マテリアルリサイクルに適さない廃プラスチックを独自手法で油化することでケミカルリサイクルを行っている。同社の廃プラスチック分解油は石油化学製品等の原料として利用されており，サーキュラーエコノミー実現の一端を担っている。

同社の油化装置は，流動点が0℃以下の低温でも固化しない生成品を製造できる（特許技術）。そのため，冷温固化しない廃プラスチック分解油の生成が可能である。また，製造時に発生するオフガスは，分解釜のバーナーの燃料として使用することでオフガスを大気に放出することなく，エネルギーを効率的に使用できる。油にならず窯に残った残渣は自動抜き取りが可能で，昇温，降温が必要なく，高効率な連続運転が可能となっており，カーボンブラックとして販売されている。

(5) 積水化学工業

積水化学グループは，2050年のサーキュラーエコノミー実現を通して，持続可能な社会をつくることを目指しており，その実現のために2020年度に資源循環方針とその戦略を策定している。同社は，バイオリファイナリー（BR）技術の社会実装に向けて，米国のベンチャー企業ランザテック社との共同開発により，微生物を活用して可燃性ごみをエタノールに変換する技術を確立している。この一連のプロセスが社会に浸透していくことで，化石資源利用を減らしてCO_2排出を抑制し，海洋プラスチック問題などの解決にも寄与することが期待されている。

同社は，世界初のバイオリファイナリー技術を社会全体へ広げていくため，新ブランド「UNISON」を立ち上げ，行政や他社との連携を進めている。このケミカルリサイクル技術の実証事業および事業展開を行うため，同社は，産業革新機構から新設分割する形で発足したINCJ（株式会社産業革新投資機構），積水バイオリファイナリーと共同で，岩手県久慈市に商用規模の10分の1での実証プラントを稼働している。このプラントで製造されたエタノールは，住友化学によってプラスチック原料として再生される。2028年度頃にバイオリファイナリープラントの商用サイズ初号機の運転開始を目指している。

(6) 出光興産

出光興産は，環境エネルギー（広島県福山市）と共同で，市原市の千葉事業所エリアにおける使用済みプラスチックを原料とした油化ケミカルリサイクル装置を設置し，2025年度の商業運転開始を目指している。原料となる使用済みプラスチックの調達は，首都圏・中部圏の大手リサイクラーである市川環境ホールディングス（千葉県市川市），前田産業（長野県飯田市）と業務提携して，年間2万トンの使用済みプラスチックの再資源化を目指す。

共同で油化装置の技術確立に取り組んできた環境エネルギーと，使用済みプラスチックを原料とした生成油の生産を行う合弁会社ケミカルリサイクル・ジャパンを2023年4月に設立しており，回収した使用済みプラスチックから，ケミカルリサイクル・ジャパンが環境エネルギーのプラスチック油化装置（HiCOP技術）を用いて生成油を生産し，原油に替わる原料として，出光興産の既存設備である石油精製装置および石油化学装置で精製・分解・重合してリニューアブル化学品を生産する。リニューアブル化学品は，プラスチック製品製造会社に供給されて最終的には新たなプラスチック製品が生産される。

出光興産は，事業を通じてプラスチックの資源循環拠点として製油所・事業所の設備を有効活用することにより，既存の製造拠点を新たな低炭素・資源循環エネルギーハブへと転換する「CNXセンター」化に取り組み，カーボンニュートラル・循環型社会へのエネルギー・マテリアルトランジションを目指しており，全国各地のグループ製油所に油化装置を設置して，全国の使用済みプラスチックを対象としたより大規模な事業展開を進めていく。

(7) 東レ

東レは，中期経営課題「プロジェクトAP-G 2022」で，繊維，樹脂，フィルムなどの廃棄された製品や製造工程の端材を再利用するマテリアルリサイクルに取り組んできた。また，再利用できない製品をモノマーやガスなど基礎原料に戻すケミカルリサイクルもすでにナイロン繊維製品で実現している。

そのほか，バイオマス由来資源から製造された原料を利用するバイオマス由来原料利用の素材やこの原料を効率的につくれる膜利用バイオ技術の開発，さらには将来を見据え，CO_2の資源化などカーボンリサイクルの研究開発も進めている。加えて，製造工程で使用される電力や水素を再生可能エネルギーでつくる風力発電翼や水素製造装置用の材料，排水の再利用のための水処理膜なども開発している。また，2023年度から始まった中期経営課題「プロジェクトAP-G 2025」でも，循環型社会実現への貢献を重要課題とし，研究・技術開発を推進して製品・事業の価値向上を目指している。

同社では，バイオ素材事業の拡大，リサイクル素材事業の拡大，廃棄物削減貢献事業の拡大（廃棄物削減，耐久性）を事業機会として様々な事業に取り組んでいる。バイオマス由来原料の使用およびリサイクルにおいては，東レグループ単独での活動に加えPETボトルリサイクルや底漁網リサイクルにおけるリサイクラーとの協業や，漁網to漁網リサイクルや自動車部品亜臨界解重合の技術実証における顧客との協業など，循環型社会の形成を進めるサプライチェーンでの連携も積極的に推進している。

ケミカルリサイクルでは2019年，回収PETボトルを原料に，異物を除去するフィルタリング技術と洗浄技術で，多様な品種展開を可能とし，東レ独自のトレーサビリティ機能も付与した再生型リサイクル素材ブランド「&＋（アンドプラス）」を立ち上げている。「&＋」は，消費者や各種団体に回収作業への参加を促し，東レのリサイクルへの共感・参加を呼びかける再生型リサイクル素材ブランドである。2023年4月にはリブランディングを行い，回収漁網由来成分の一部を使用したナイロンリサイクル繊維製品も「&＋」として販売を開始している。

従来のPETボトルリサイクルには，原料への混入異物により特殊な断面・細繊度の繊維の生産が困難で糸種が限られるといった課題が存在していた。これに対して同社では，PETボトルリサイクル原料に含まれる異物を除去するフィルタリング技術と高度なPETボトル洗浄技術を有する協栄産業と連携して高品位な原料を確保し，東レの繊維生産技術と組み合わせることで化石資源由来のバージン原料を使用した場合と同等の品種多様化を可能にした。さらに，東レ製のPETボトルリサイクル繊維であることを検知できる，独自のトレーサビリティ技術を付与して，高い信頼性を有するポリエステル繊維として製品している。「&＋」製品は，現在では糸・綿に加えてテキスタイルや縫製品までの多様なサプライチェーンと，グローバルな生産拠点を活用し，展開規模を拡大している。

新たに「&＋」として販売する回収漁網由来成分を一部使用したナイロンリサイクル繊維素材においても，再資源化事業者や漁網製造会社と連携した独自の漁網回収スキームを構築しており，同社のケミカルリサイクル技術を活用した高付加価値なナイロンリサイクル繊維の生産・販売を通して，漁網の回収への参加意識と回収の促進を目指している。同社では，消費者がより満足できる商品企画に向けて繊維素材のラインナップを拡充させていく。

同社は樹脂のケミカルリサイクルでは，一旦モノマー原料まで分解して再度ポリマーを重合する解重合ケミカルリサイクルの技術により，独自の処方設計を行ったリサイクル樹脂を開発，展開している。本田技術研究所とは使用済みの自動車から回収するガラス繊維配合ナイロン6樹脂の部品を亜臨界水で解重合し，原料モノマー（カプロラクタム）に再生するというケミカルリサイクル技術に関する共同開発を行っており，共同実証を開始している。両社は，亜臨界水の樹脂への浸透性，溶解力，加水分解力が高い特長に着目し，共同で技術開発を行い，亜臨界水でナイロン6樹脂を解重合することに成功した。亜臨界水は高温・高圧の水であり，触媒不使用で添加剤の影響を受けることがなく，数十分でナイロン6を解重合し，かつ高収率で原料モノマーを生成することができる。原料モノマーを分離・精製し，再重合することで，バージン材と同等の物性のナイロン6に再生できる。

2023年3月には，再資源化事業者のリファインバースグループが回収漁網からつくる再生樹脂などを原料に，独自の解再重合技術を活用したナイロン6ケミカルリサイクル（「N6CR」）繊維製品の国内での販売を開始した。同社は2022年に名古屋事業場で，新たに漁網由来再生樹脂の原料投入設備や再生ラクタムの貯留槽などを導入しており，石油由来バージン原料と識別する生産体制を整えている。N6CR 設備導入により，衣料用ナイロン繊維では，これまで技術的に困難であった新たな高機能・高付加価値タイプの商品ラインナップ強化が可能となり，環境配慮型素材・製品へのニーズが高まっているスポーツ・アウトドア向け薄地織物やインナー・レッグアパレル向けなどを中心に販売を拡大する。

また，バージン材並みの物性を有するケミカルリサイクルPBT樹脂として「Ecouse TORAYCON」を上市している。2023 年 9 月には，ガラス繊維強化低反り，耐加水分解対応グレードなどの高機能グレードのラインナップを拡充している。バージン原料由来の PBT 樹脂と同等レベルの物性を有しており，カーボンフットプリント（CFP）の低減が見込める。

そのほか，同社はマテリアルリサイクル樹脂，バイオ原料を使用した樹脂なども事業化している。

(8) マイクロ波化学

マイクロ波化学は，マイクロ波プロセスを応用してプラスチックの新規ケミカルリサイクル法の開発に取り組んでいる。マイクロ波技術によりプラスチックにエネルギーを直接伝達することにより，従来の熱分解プロセスに対して約 50％の省エネ効果の実現を目指している。2022 年 11 月，同社は高温複素誘電率測定装置を開発し，国内初となる 1 日あたり 1 トンの処理能力を持つマイクロ波を用いた大規模かつ汎用的な実証設備を完成させた。

同社は，対象物質を直接的かつ選択的に加熱でき，エネルギー効率が高いとされるマイクロ波を用いたプロセス開発を多方面で展開している。マイクロ波プロセスは電子レンジと同じ原理で加熱する化学プロセスで，カーボンニュートラルにとって必要不可欠な産業電化を実現するための重要な技術である。再生可能エネルギー由来の電気でマイクロ波を発生させ，廃棄プラスチックを分解することで，実質 CO_2 フリーで再資源化できるため，カーボンニュートラルとサーキュラーエコノミー実現を同時に追求できる。

マイクロ波を活用したケミカルリサイクルプロセスでは廃プラスチックやそれに混ぜる材料（フィラー）が効率よく吸収する周波数を選んで照射する必要がある。同社では，CO_2 レーザーを使い多様な種類のプラスチックに応用可能な高温複素誘電率測定装置を開発し，熱源に波長 10.6 μm の CO_2 レーザーを使用することで，測定に必要な量である数 g のプラスチックサンプルを最高 1,000℃程度まで加熱しながら，同時に複素誘電率を精密に測定することに成功した。同装置は，プラスチックサンプルだけでなく，加熱時に触媒として用いる無機フィラー用サンプルや液状サンプルも測定することができ，応用範囲が非常に広い点が特徴となっている。実証実験では廃棄プラスチックを原料（モノマー）として回収することを目標としており，ポリプロピレンやポリスチレンなどをモデルターゲットとして設定して検証を進めている。ポリスチレンの分解ではスチレンモノマーを主成分として回収し，回収したスチレンモノマーを精製，再重合することで再度プラスチックに戻せることが確認できた。

今後は年間１万トンにスケールアップして，2025年までに化学メーカーなどと共同で社会実装を目指している。同社は事業を通じてブラッシュアップしたマイクロ波プラスチック分解技術「PlaWave」を確立し，2030年の国内の省エネ効果量として3.9万kl（原油換算）の達成を目標としている。

(9) 旭化成

旭化成はかねてより，EVをはじめ次世代のオートモーティブに貢献する高機能プラスチックの開発を進める中で，材料の環境配慮を高めており，中でもケミカルリサイクルとバイオプラスチックは，今後自動車部材を支える技術として力を注いできた。同社は，エアバッグやラジエータータンクなど自動車部品として様々な場所に使われている高機能プラスチックのポリアミド66（PA66）のケミカルリサイクル技術を開発している。2021年からマイクロ波化学と共同で技術開発を進めており，PA66をアジピン酸（ADA）とヘキサメチレンジアミン（HMD）に解重合する際にかかる熱エネルギーにマイクロ波を利用している（図9）。現在はケミカルリサイクルの事業化に向けて，スケールアップの技術を開発しており，マイクロ波化学とは2024年度にベンチ設備を立ち上げて試運転を行い，2025年度にはベンチ設備を使って実際に様々なデータを取る予定である。それらを通じて課題を抽出，事業化を判断して，2025年度中には実際にプラントづくりに進むかを決定する。

PA66は自動車向けが７割程度を占めており，同社は国内やアジア市場のリーディングカンパ

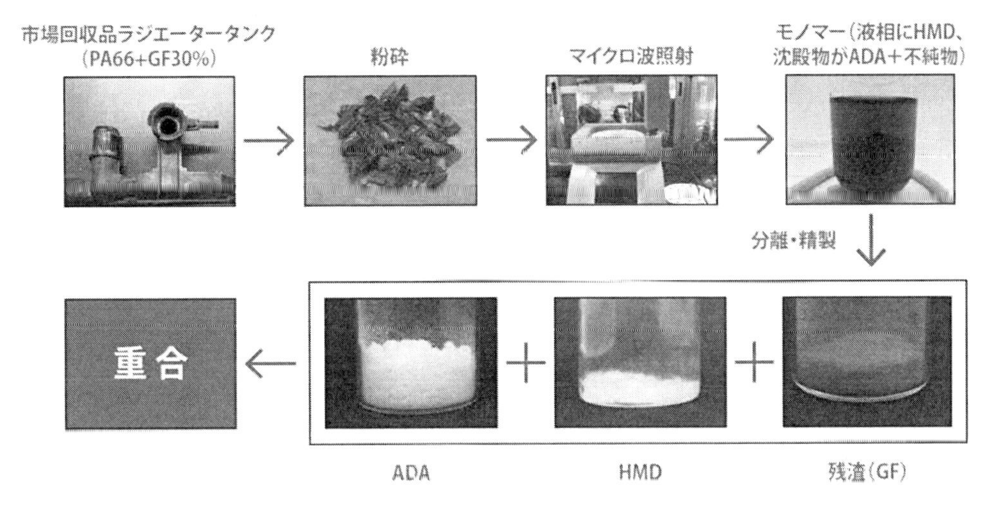

図９　ラジエータータンクからのPA66ケミカルリサイクルのプロセス

出典：旭化成モビリティ関連情報サイト（2025年３月時点）
https://asahi-kasei-mobility.com/interview/circular_economy_1/

ニーであることから，この分野を主導していくことを目指している。さらに，同社では技術開発と並行して，ステークホルダーとの共創や連携による PA66 の循環型サプライチェーンの構築にも取り組んでいる。事業を成り立たせるためには，入り口である廃棄ポリアミドの回収から，加工して元に戻した再生原料を使用する顧客に届け，またそこから循環を繰り返す一連のプラットフォームの構築が必須であり，同社では仲間づくりを進めている。

同社は，2020 年に立ち上げた「BLUE Plastics」という再生プラスチックの資源循環を可視化するデジタルプラットフォームを保持しており，2023 年度にはじまった内閣府の戦略的イノベーション創造プログラム（SIP）「サーキュラーエコノミーシステムの構築」に野村総合研究所とともに参画した。その中で，「プラスチック情報流通プラットフォーム（PLA-NETJ）」の要件定義を検討しており，PA66 のケミカルリサイクルを実証実験の場として提供している。実証試験では，自動車の解体業者や，部品メーカー，自動車メーカー（OEM）のようなエンドユーザーの顧客も含めて，ケミカルリサイクルのプラットフォームを構築していく（図 10）。

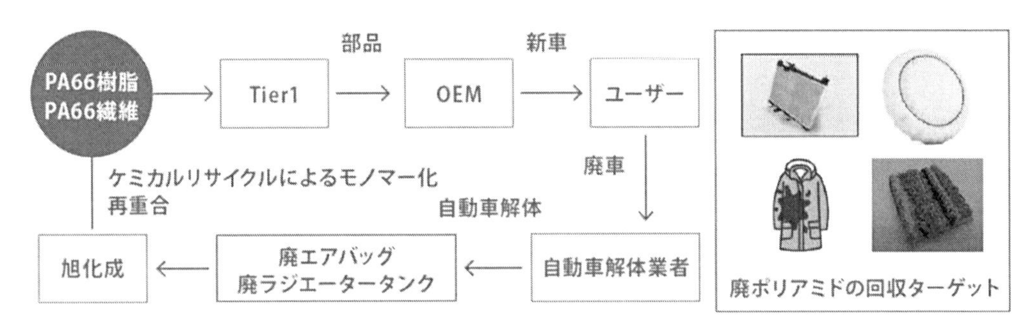

図 10　ケミカルリサイクルを社会実装するためのプラットフォーム

出典：旭化成モビリティ関連情報サイト（2025 年 3 月時点）
https://asahi-kasei-mobility.com/interview/circular_economy_1/

(10) JEPLAN（旧 日本環境設計）

PET ケミカルリサイクル技術関連事業を手がける JEPLAN は，独自のケミカルリサイクル技術「BRING Technology」を保有している。同技術は PET を対象にしたケミカル技術で，服から服を，PET ボトルから PET ボトルをつくる水平リサイクルを可能にする。また，従来型の重合工場に同技術のリサイクル設備を連結して再生樹脂工場として機能させることも可能になっている。

同社の技術は，PET ボトルやポリエステル繊維から，晶析と蒸留という異なる精製工程を組み合わせることでモノマー（BHET：ビス(2-ヒドロキシエチル)テレフタレート）を抽出し，リサイクル対象物からあらゆる不純物を取り除くことができる。これにより食品や飲料水の容器として使用できるほど安全性の高い品質を追求でき，また何度でも繰り返しリサイクルして再製品化することが可能になる。同社では，リサイクル対象物の状態やリサイクル後の用途に応じて精製工程の組み合わせや順序を変えることで高い不純物除去率を実現するとともに，それぞれのニーズに合わせてコストやオペレーションを最適化しており，再生樹脂を効率的に精製している。同社は同技術のライセンス事業や関連企業とのJV組成による既存重合工場への設備投資をグローバルに進めている。

同社は，フランスのAxens社，IFPEN社とペットボトルやポリエステル繊維，フィルムなどのポリエチレンテレフタレート（PET）素材でつくられた使用済み製品のモノマーリサイクル技術について，プロセスの開発，実証，そして商業化を目的とした共同開発および事業提携契約を締結している。3社で共同開発する新たなプロセス「Rewind PET」は，PETのモノマーであるBHETを経由するPET解重合工程を最適化し，使用済みPET製品に含まれるあらゆる不純物を除去する精製工程と組み合わせ，高純度なBHETを得るプロセスで，このプロセスを通して精製された高純度BHETは既存の重合設備において，繊維から食品容器向けにいたるまで，多様なPET製品の原料として用いることができる。

また，同社は2024年に入って，NEDOとPETケミカルリサイクル技術の国際実証事業に係る調査委託契約を締結し，UAEにおけるリサイクルサプライチェーン構築の推進に向けた調査を実施しているほか，カナデビア（旧日立造船）と混紡繊維の熱分解ガス化に向けた共同実証および事業化検討に関する基本合意書を締結するなど，積極的な企業活動を展開している。

(11) 日揮ホールディングス

日揮ホールディングスは，旧札幌プラスチックリサイクルの油化処理施設の知見を活用して，2022年から廃プラスチックの油化ケミカルリサイクル事業のライセンスビジネスを開始している。また，ガス化ケミカルリサイクルでは世界で唯一の長期商業運転実績を有し，プラスチックの完全循環を実現するEUP®（Ebara Ube Process）のオフィシャルライセンサー／コントラクターとして，ライセンスの供与と設備のプラントの設計・建設を行っている。ガス化ケミカルリサイクルは，廃プラスチックをガス化し，メタノールやアンモニア，プロピレン，オレフィンなどの化学品や化学製品に利用可能な合成ガスへと転換するため，汚れや不純物が混入した難リサイクル性プラスチックでも，石油由来のバージン品と同等の化学原料にリサイクルできる。また同時に地産地消の水素製造も可能なため，廃プラスチックのリサイクル率の向上，高度循環型社会の構築だけでなく，水素社会の実現にも貢献している。

さらに同社は，廃棄されるポリエステル繊維製品からポリエステルをケミカルリサイクルする技術と商業運転実績を保有する帝人と，繊維業界に幅広いネットワークを持つ伊藤忠商事と連携してRePEaTを設立，当該技術のライセンス展開を目指している。同技術を用いれば，マテリアルリサイクルでは難しいとされていた原料中の染料や不純物などの除去だけでなく，石油由来のバージン品と同等の品質のリサイクルチップの製造を実現できる。日揮グループは，今後，繊維製品を含むあらゆるポリエステル製品（衣料品，フィルム，ボトルなど）のクローズドループを実現することで，繊維製品の大量廃棄問題解決に取り組んでいく。

(12) RePEaT（リピート）

RePEaTは，帝人，日揮ホールディングス，伊藤忠商事の3社が出資して設立された企業で，旧帝人ファイバーが開発したポリエステル製品からポリエステルを水平リサイクルする独自技術の「RePEaT PROCESS」(DMT法：テレフタル酸ジメチルとエチレングリコールを使用したエステル交換反応によりポリエステルを重合する方法）を継承している。同社はこの技術を利用することで，国内外のポリエステルの再生率を大幅に引き上げることを目指しており，各国ごとの規制に沿って，使用済みポリエステルのリサイクルから流通までのエコシステムを構築し，サーキュラーエコノミーによる持続可能な地球環境を実現することを理念としている。

同社は，ポリエステル製品のケミカルリサイクル技術を軸としたライセンス事業を行っており，ポリエステル繊維からポリエステル以外の素材を分離したり，回収したポリエステル製品からリユースできないものを選別し，ケミカルリサイクルすることで繊維製品や食品トレー・フィルム，その他の成形品に再生している。

2023年2月には，中国，浙江省紹興市の建信佳人新材料有限公司と，同社にとって初めてとなるポリエステル（PET）製品のケミカルリサイクル技術に関するライセンス契約を締結している。建信佳人は，中国で鉄鋼，繊維，建築材料，飲料などの多岐にわたる事業を展開している精工控股集団有限公司が環境経営に注力する中で，環境負荷低減に資する事業の強化を目指して2022年に設立したグループ会社であり，同じく精工集団のグループ会社である浙江佳人新材料有限公司はケミカルリサイクル工場の運転ノウハウを有している。建信佳人は，2024年内に浙江省紹興市においてポリエステル製品のリサイクル工場を新設する予定である。

(13) 東洋スチレン

2024年3月，東洋スチレンは，ポリスチレン（PS）のケミカルリサイクルの技術優位性と実績を有する米国のAgilyx社の技術を導入し，使用済みポリスチレンのケミカルリサイクルプラントを，デンカの千葉工場内の東洋スチレン五井工場に隣接する敷地に竣工した。東洋スチレンのケミカルリサイクルは，PSを化学的に分解し，化学原料（スチレンモノマー）の状態に戻したあと再度重合することで，新品同等の品質と物性で水平リサイクルを含めて用途の制限なく使用可能な解重合リサイクル技術を採用している。サーマルリサイクルのように焼却しないため，二酸化炭素排出量が少なく，より環境に優しいリサイクル方法である。同プラントで再生した「リフレッシュPS」は，マスバランス方式による提供を検討しており，現在，同社五井工場，君津工場においてISCC PLUS認証取得の準備を進めている。同社はプラント竣工により，SDGs未来都市である千葉県市原市が取り組む「市原発サーキュラーエコノミーの創造」の市民・企業・行政が一体となったプラットフォームへ参画し，市原市内で発生した使用済みPSの回収の仕組みづくりに着手する。また，この取り組みを皮切りに，消費者からのポストコンシューマ材回収システムの構築を目指している。

(14)　PSジャパン

PSジャパンは，2023年9月より水島工場で使用済みポリスチレン（PS）をスチレンモノマー（SM）に戻すケミカルリサイクルの実証運転を開始している。ケミカルリサイクル実証設備は東芝プラントシステムの技術で建設した。ポリスチレンは解重合（モノマー化）できる限られた素材であり，ケミカルリサイクルに適している。実証運転では，EPS（発泡スチロール）や食品包装容器等を原料として用いており，投入原料の重量に対して約60％のスチレンモノマー回収を確認している。また，精製工程で得られる副生成油は熱回収（サーマルリサイクル）として有効活用している。モノマー化ケミカルリサイクルにより生成するリサイクルスチレンモノマーを原料としてポリスチレンを生産した場合，単純焼却に比べ56％のCO_2削減を見込んでいる。

東芝プラントシステムは，ポリスチレン廃棄物をスチレンモノマーに還元する装置の開発に取り組み，ケミカルリサイクル設備の実証に成功している。この装置は，独自の技術により高い還元率のほか，原油からの生成より少ないエネルギー，CO_2排出量でスチレンモノマー生成を実現できる。また，外部投入の燃料が不要（副生成の燃料油のみで熱分解の加熱が可能）であり，生成されたスチレンモノマーはJIS，ASTMの品質規格に適合している。

3. 2. 2　海外の事例

(1)　BASF

BASFは「ChemCyclingプロジェクト」を通して，プラスチック廃棄物のケミカルリサイクルに取り組んでいる。同社は，ケミカルリサイクルしたプラスチック廃棄物をもとにした製品を初めて製造した企業で，業界における世界的なパイオニアの1社となっている。ChemCyclingプロジェクトでは，包装材料や冷蔵庫の部品，断熱パネルなどの製品が製造されている。同社が供給するChemCycling製品は，化石資源から製造される製品とまったく同じ特性を持ち合わせているため，高い品質基準，衛生基準をクリアしている。

同社のケミカルリサイクルでは，生産工程の初期の段階で，パートナーであるRecenso社（ドイツ）から入手するプラスチックを油化したオイルを生産フェアブント（統合生産拠点）に投入する。また，代替手段としてプラスチック廃棄物からつくられる合成ガスも使用できる。油化オイルや合成ガスは，ルートヴィッヒスハーフェンの拠点にあるスチームクラッカーに投入される。スチームクラッカーでは，摂氏約850℃の温度で原料を分解し，主にエチレンとプロピレンを生成する。これらの基礎化学品は数多くの化学製品の製造のため，フェアブントで使用されている。製造された製品は，マスバランス方式に基づき最終製品に割り当てることができ，最終顧客はそれぞれ再生原料の割合を選ぶことができる。

同社は協会レベル，国際レベルで様々なプロジェクトに関与している。世界プラスチック協会（World Plastics Council）のメンバーであり，また，サーキュラーエコノミーの推進を目的とするイギリス拠点の組織であるエレン・マッカーサー財団のプログラムにも参加している。さらに，Operation Clean Sweep（プラスチックのペレット，フレーク，パウダーの漏出を防ぎ，これらの素材が環境へ流出しないようにするための国際的なプログラム）のメンバーでもある。同社の ChemCycling プロジェクトは，責任ある資源利用における新たなマイルストーンとして，グローバルな課題に対処している。

また 2021 年 6 月，同社は三井化学と日本でのケミカルリサイクルの推進に向けた協業検討を開始している。両社は，バリューチェーン横断的な連携を通じて，日本国内におけるプラスチック廃棄物のリサイクル課題に応えるケミカルリサイクルを日本で事業化することを目指し，共同ビジネスモデルを含めあらゆる可能性を検討する。

(2) Plastic Energy

イギリスのロンドンに本社を置く Plastic Energy（プラスチックエナジー）社は，2011 年に設立され，スペインの Almeria と Seville にリサイクル工場を持つほか，さらに 3 工場の建設を予定している。同社は，プラスチックを炭化水素ガスに変換して TACOIL と呼ぶ熱分解油にリサイクルする独自技術（TAC プロセス）を開発，保有している。TAC プロセスは複数の企業にライセンスされており，世界中でプラスチック廃棄物をリサイクルするために使用されている。

TAC プロセスでは，プラスチック廃棄物を加熱して溶融し，溶融したプラスチックを反応炉に送り，触媒を使用せず酸素がない状態でさらに加熱して分解させてガス化する。得られた炭化水素ガスは分離，精製され，熱分解油（TACOIL）となり，石油化学パートナーへ販売される。

TAC プロセスのライセンス企業は，SK Geo Centric（韓国：2023 年にライセンス契約），NOVA Chemicals（カナダ：2023 年にオンタリオ州にリサイクル工場を建設する可能性を調査する契約を締結），INEOS Olefins & Polymers Europe（イギリス：2022 年に処理能力 10 万トンの工場建設に関する契約を締結），PETRONAS Chemicals Group（マレーシア：2023 年にリサイクル工場を建設するための最終投資決定）など世界中にわたっている。

(3) Neste

フィンランドのエスポーに本社を置く Neste（ネステ）社は，持続可能な航空燃料（SAF），再生可能なディーゼル燃料，および様々な高分子・化学物質用の再生可能な供給原料ソリューションを提供している世界有数のメーカーである。廃棄物や残渣，革新的な原材料を高品質の製品に精製することで，運輸，航空，高分子・化学産業の顧客が持続可能なビジネスを実現するのを支援している。2023 年，ネステの再生可能エネルギーソリューションは，全世界で 1,100 万トンの温室効果ガス排出量を削減に貢献している。

同社は，ポルヴォー（フィンランド），ロッテルダム（オランダ），シンガポールの製油所と，米国カリフォルニア州マーティネズにあるマラソン・ペトロリアム社との米国共同事業所に合計年間生産能力約 550 万トンを保有しており，再生可能原料のみを原料とする再生可能製品を生産している。ネステ・ロッテルダム製油所の生産能力拡張プロジェクトが完了すれば，2026 年末までに総生産能力が680万トンまで増加する予定である。

また，同社は液化プラスチック廃棄物を新しいプラスチックなどの高分子・化学物質製造用の高品質原料に加工するケミカルリサイクルの技術と能力を開発しており，フィンランド・ポルヴォーの製油所に，液化プラスチック廃棄物などの再生可能なリサイクル原料を導入中である。さらに，同社は2035年までにカーボンニュートラルな生産を達成するという公約を掲げており，ポルヴォー製油所を年間200万～400万トンの生産能力を持つ再生可能・循環型ソリューションの工場に全面転換する計画を有している。場合によっては2030年代半ばには原油精製を終了するという計画についての戦略的研究を始めている。

(4) エクソンモービル

2021年2月，米国のエクソンモービル社は，テキサス州ベイタウンの同社工場で行っていた同社の「Exxtend」技術を用いたプラスチック廃棄物の原料・モノマー化によるケミカルリサイクル試験運用の初期フェーズが完了，同年末には同社初となるプラスチックの大規模ケミカルリサイクルプラントを竣工した。同プラントでは，廃棄プラスチックを北米最大規模の年間3万トンをリサイクルでき，製造する再生ポリマーは，マスバランス方式で製造されたバイオマス原料やリサイクル原料の製品を示すISCC＋認証を取得している。

また，2022年10月には，ノルウェーのケミカルリサイクル技術のAgilyx社との合弁会社Cyclyx International社，およびオランダのライオンデルバセル社と共同で，テキサス州ヒューストンに廃プラスチックの選別・リサイクル施設の建設で基本合意を締結しており，2024年に商業運転を開始し，完成すると再生プラスチック原料の年間生産量は15万トンとなる。

2024年11月には新たに2億米ドルの設備投資計画を発表しており，米国におけるプラスチックリサイクル能力を年間約23万トンに引き上げる。同社は，世界全体でのリサイクル能力を最終的に50万トンまで拡張予定であり，欧州ではPlastic Energy社と協働し，フランス・ノートルダム・ド・グラヴァンションでリサイクルプラントを2023年に稼働させている。年間2.5万トンの廃棄プラスチックをリサイクルでき，リサイクル容量は3.3万トンまで拡大できる。その他，オランダ，米国南部，カナダ，シンガポールにも展開を予定している。

(5) Eastman

米国のEastman（イーストマン）社は2022年1月，フランスに最大10億ドル（約1,150億円）を投資し，リサイクル困難なプラスチック廃棄物を年間最大16万トンリサイクルできる物質間分子リサイクル（解重合リサイクル）施設を建設する計画を発表した。2025年までの稼働を予定しており，この施設は世界最大の分子リサイクル施設となる予定である。

10億ドルの多段階プロジェクトには，混合プラスチック廃棄物を処理用に準備するユニット，廃棄物を解重合するメタノール分解ユニット，特殊用途，包装用途，繊維用途のさまざまな第一品質の素材をつくるポリマーラインが含まれている。また，同社はプラスチック廃棄物の焼却を抑制し，化石原料を地中に残すための代替リサイクル方法とアプリケーションを推進する分子リサイクルに関するイノベーションセンターを立ち上げる計画も発表している。

同社のポリエステル再生技術は，廃棄物を分子構成要素に分解して再利用し，従来のものと化学的に区別がつかない樹脂を製造する一方，廃棄プラスチックを埋立地から転用し，従来の製造方法に比べて温室効果ガスの排出を削減する。同プロセスは，通常焼却処分されるプラスチックをリサイクルし，継続的に再利用するための重要なソリューションとなり，従来の方法よりも温室効果ガス（GHG）排出量を最大80％削減したプラスチックの生産が可能になる。新工場は，2030年までに分子リサイクル技術によって年間5億ポンド以上のプラスチック廃棄物をリサイクルすることや，省エネルギーとGHG排出量削減を可能にする製品を提供するための技術革新を掲げている同社のサステナビリティ目標の達成に大きく貢献する。

同社は2021年，フランスの消費財メーカーであるエスティローダー，LVMH，P&Gなどの各社との間で，製品パッケージ用に同社の分子再生プラスチックを調達する協業を発表している。

(6) INEOS Styrolution（イネオススチロリューション）

スチレン系樹脂の世界的リーダーであるイギリスのINEOS社は2023年7月，廃棄物処理の世界的リーダーであるノルウェーのTomra（トムラ）社，および大手リサイクル企業である米国のEGN社と共同で，ポリスチレン（PS）廃棄物を食品包装用途の再生ポリスチレンに転換するプロジェクトを発表している。Tomra社は，廃棄される食品包装から出る消費者使用後のポリスチレン廃棄物を回収し，EGN社は選別と洗浄を管理し，INEOS社は食品に接触する用途の欧州食品安全機関（EFSA）の要件に準拠するためのスーパークリーニング浄化工程を担当する。EGN社がドイツのクレーフェルトに建設する，年間40キロトンの消費後PS廃棄物を処理する能力を持つグリーンフィールド型の最新鋭機械式リサイクル施設は，この種の施設としては初の大規模施設となる。この施設の稼動は2025年半ばを予定しており，これによりINEOS社は商業規模で顧客へのサービスを開始できるようになる。

ポリスチレンは，廃棄物の流れの中で最も分別しやすいプラスチックの1つであることが確認されており，PETとともにメカニカルリサイクルによって食品と接触する品質を達成できるポリマーである。この素材は無限にリサイクル可能であり，何度もメカニカルリサイクルを繰り返しても，バージン品質レベルでその特性プロファイルを維持することができ，廃棄物中の汚染物質の取り込みが非常に少ないとされている。そのため，非常に短期間で，かなりの割合の食品包装材がリサイクルされることが期待される。PSリサイクルの商業的規模拡大への投資は，市場シェアの拡大や，そのような枠組みがある国での包装税やライセンス料の削減につながると考えられている。

(7) OMV

2023年10月，オーストリアのOMV社は，ケミカルリサイクル用の原料を生産するために，ドイツ廃棄物リサイクル企業のインターゼロ社が開発した革新的な選別プラントを建設する投資決定を発表している。OMV社は，ドイツ南部ヴァルデュルンにプラント施設を建設するために，総額1億7,000万ユーロ（約240億円）以上を投資する。同社は合弁会社の株式の89.9%を保有し，残りの10.1%はインターゼロ社が保有する。新工場の生産開始は2026年を予定している。

同選別プラントは，インターゼロ社の設備とOMV社が開発した特許取得済みのケミカルリサイクル技術「ReOil」を統合し，マテリアルリサイクルできない混合プラスチック等を，熱分解油に転換することで，OMV社向けの再生原料を年間最大26万トン生産できる。

インターゼロ社はドイツで軽量包装用の5つの選別工場を運営しており，年間80万トンを超えるドイツの軽量包装廃棄物の約3分の1を選別している。新しい施設で使用される選別プロセスはすでに工業規模でテストされており，製品はOMV社のReOil技術を使用するパイロットプラントで原料として正常に処理されている。

年間1万6,000トンの生産能力を持つ新しいReOilプラントは現在，オーストリアにあるOMV社のシュヴェヒャート工場に建設中で，既存のパイロットプラントと同様に国際サステナビリティおよび炭素認証（ISCC PLUS）を取得し，サプライチェーン全体のトレーサビリティを保証し，バリューチェーンがすべての環境基準および社会基準を満たしていることを保証している。

(8) SKケミカル

韓国のSKケミカル社は2023年3月，中国のエコ素材企業である広東樹業環保科技（Shuye）が保有する廃プラスチックリサイクル事業を買収すると発表した。これによりSKケミカル社は，リサイクル原料のリサイクルBHETを生産する解重合プラントのほか，同素材を原料にケミカルリサイクルPETおよびコポリエステル樹脂（PETG）を生産する工場などを取得した。廃プラスチックのリサイクル原料と再生PETの量産体系を同時に確保するのは世界初で，同社は今回の買収によりプラスチックの再生バリューチェーンを構築することになる。同社は豊富な供給量がある中国で，廃PETなどからリサイクルプラスチック原材料を生産することにより，高レベルの価格競争力を獲得することが予想されている。

同社の戦略は，国内外の食品や飲料ボトル市場，食品包装用フィルム市場などにケミカルリサイクルPETを供給することであるが，物理的にリサイクルPETの利用が困難な産業用特殊ファイバーなどの高付加価値市場に参入し，76億ドル規模の世界市場で先行する計画や，リサイクル製品の生産を希望しているポリエステルメーカーにケミカルリサイクルBHETをスタンドアロン製品として販売する計画も立てている。加えて，同社はコアコンピタンスであるサーキュラーリサイクル（循環リサイクル）技術とインフラをベースとする完全資源循環システムを目指している。同社は，PETボトルをボトルに再生する「ボトルをボトルに（Bottle to Bottle）」のコンセプトを業界全体に拡大し，「車を車に（Car to Car）」，「デバイスをデバイスに（Device to Device)」というように，各業界で排出される廃棄物をリサイクル，アップサイクルする業界別の完全循環構造の確立を計画している。

(9) ロッテケミカル

ロッテケミカルは，2023年から資源循環型ブランド「ECOSEED（エコシード）」を発売している。エコシードは，物理的および化学的に再利用したリサイクルプラスチック素材とバイオプラスチック素材を統合したブランドで，マテリアルリサイクル素材として幅広く利用されているリサイクルPC，リサイクルABS，リサイクルPE，リサイクルPPを製品化している。同社のプラスチックコンパウンディング生産技術および厳格な品質管理により，これら製品群は，家電製品，自動車の内・外装材だけでなく，日常生活用品にいたるまで，様々な用途に採用されている。

ロッテケミカルは解重合，溶媒精製，熱分解など，多様なケミカルリサイクル技術を保有しており，これらのケミカルリサイクル技術を用いることで，バージンプラスチックと同等水準で高品質のリサイクル原料を生産している。さらにその技術を応用した韓国初の熱分解によるナフサ製品の生産も実現しているほか，韓国で最大規模のケミカルリサイクルPET工場を運営し，独自溶媒精製技術を開発している。

そのほかにも，エコシードには自然由来の原料と生分解性技術を利用したバイオプラスチック製品のラインナップされており，「ECOSEED Bio-PET」は，サトウキビ由来のBio-MEG原料を使用して生産している。Bio-PETは，従来の石油化学由来PETに比べてCO_2排出量の削減効果があり，優れた性能と安全性を備え，食品や化粧品容器などに採用されている。一方，現在，開発中の生分解プラスチックPHAは，土と海でも分解可能な素材で，バージンプラスチック素材よりもCO_2削減効果に優れていることが確認されている。同社では，2030年までにエコシードブランドの各製品で，年間100万トンの供給を目指している。

(10) 浙江建信佳人新材料

浙江建信佳人新材料は，中国の精工控股集団と帝人によって設立されたケミカルリサイクルメーカーである。DMT法を採用して再生チップ／再生繊維のグリーンリサイクルシステムを構築しており，浙江省紹興市にある宝江製造拠点で，毎年4万トンの廃繊維を処理し，年間3万トンのグリーンリサイクル製品を生産している。

同社は2023年2月，帝人，日揮ホールディングス，伊藤忠商事の合弁会社であるRePEaTから，ポリエステル（PET）製品のケミカルリサイクル技術（DMT法）をライセンス提供された。ケミカルリサイクルPETプロジェクトの計画総生産能力は15万トンで，2027年1月に完全に完成して生産を開始する予定である。5万トンの第1フェーズを2024年に完成，すべてが完了した際には年間22万5,000トンの廃繊維を処理して，価値の高いリサイクルアプリケーションを実現する予定である。同社では将来的に年間生産量50万トンを目指している。

(11) Loop Industries (ループインダストリーズ)

Loop Industries 社は，カナダのケベック州に拠点を置くプラスチックリサイクル企業で 2010 年に設立された。同社は，フランスの環境サービスの大手スエズ社と 2020 年に欧州で初のプラスチックリサイクル工場である「Infinite Loop」を共同で建設すると発表している。同社は，廃 PET ボトルやプラスチックをモノエチレングリコール（MEG）とテレフタル酸ジメチル（DMT）に解重合する技術を有しており，建設される工場では廃プラスチックを原料として，バージンプラスチックと同品質で食品用にも活用できる 100％リサイクル可能なプラスチックを生産する。年間生産量は 42 億本で，これはリサイクル工場としては世界最大級の規模となる。フル稼働した際には完全なサーキュラーエコノミー型の資源循環を構築する規模を有している。2025 年に建設開始が予定されている。

同社は，韓国の SK ケミカル社とも提携しており，アジア市場への進出を推進している。2021 年 6 月には，SK ケミカル社が Loop Industries 社に 5,650 万ドルを投資し，株式の 10％を取得，これを契機に両社は 2022 年に合弁会社を設立した。両社は韓国の蔚山に「Infinite Loop」と呼ばれるプラスチック廃棄物をリサイクルする工場を共同で建設する計画を進めている。工場は 2025 年末までに完成予定で，年間 7 万トンの再生 PET 樹脂を生産する能力を有している。